环保行动系列丛书

城市生活垃圾处理

U0230373

韩 丹 主 编

张 晖 赵由才 副主编

CHENGSHI
SHENGHUO
LAJI
CHULI

全国百佳图书出版单位

化学工业出版社

·北京·

本书共分 5 章，生动详细地介绍了生活垃圾从产生、收集到处理、再生的全过程，内容主要包括揭秘生活垃圾、探索生活垃圾处理方法、走进国内垃圾处理、聚焦国外垃圾处理、生活垃圾未来处理趋势。

本书是"环保行动系列丛书"中的一分册，内容全面丰富、通俗易懂，既适合广大中小学生、垃圾分类从业人员、社区管理和工作人员作为常识来了解，也能为大专院校以及相关行业的研究人员提供重要参考。

图书在版编目（CIP）数据

城市生活垃圾处理／韩丹主编．—北京：化学工业出版社，2020.4

（环保行动系列丛书）

ISBN 978-7-122-36213-1

Ⅰ．①城…Ⅱ．①韩…Ⅲ．①城市－垃圾处理Ⅳ．① X799.305

中国版本图书馆 CIP 数据核字（2020）第 028490 号

责任编辑：刘　婧　刘兴春　　　　　　　　　　　　装帧设计：史利平
责任校对：宋　夏

出版发行：化学工业出版社（北京市东城区青年湖南街 13 号　邮政编码 100011）
印　　装：涿州市般润文化传播有限公司
710mm×1000mm　1/16　印张 9 1/2　字数 125 千字　2020 年 7 月北京第 1 版第 1 次印刷

购书咨询：010-64518888　　　　　　　　　　　　售后服务：010-64518899
网　　址：http://www.cip.com.cn
凡购买本书，如有缺损质量问题，本社销售中心负责调换。

定　　价：45.00 元　　　　　　　　　　　　　　　版权所有　违者必究

前言

　　生活垃圾是人类生活和社会发展的附属产物，全球垃圾日产量超过 700 万吨，如何有效地将不断增长的垃圾进行处理或再生利用已经成为城市垃圾处理行业的棘手问题。高速发展的中国和世界上其他国家一样，正在遭遇"垃圾围城"的威胁。垃圾分类是国际社会公认的能够科学有效地实现垃圾减量和处理的前提条件。中国政府 2019 年要求全国 46 个城市先行先试，基本建成垃圾分类处理系统，对于公众，垃圾分类已经从提倡变成了强制，然而，民众对分类后的垃圾去向何处、如何处理却知之甚少。

　　本书共 5 章，以形象的方式介绍了生活垃圾从产生、收集到处理、再生的全过程，同时介绍了国内外生活垃圾分类处理的经典案例以及未来的处理趋势，揭示垃圾和资源之间密不可分的关系。第 1 章从读者熟悉的垃圾的产生开始，为读者介绍了日常生活中的垃圾分类、污染现状和收集。第 2 章介绍了生活垃圾中比较常见的 13 种不同垃圾的处理方法。第 3 章分别介绍了国内 4 个不同城市的生活垃圾处理情况以及各自对某种特定生活垃圾的处理方法。第 4 章介绍了国外生活垃圾处理的模式。第 5 章介绍了生活垃圾未来的处理趋势。

　　本书的主要特点是：内容比较全面、丰富，可读性和参考性强；在文字编写上通俗易懂，便于读者查阅；尽量多地采用图片，使内容一目了然，加深读者认识。本书旨在向公众普及垃圾分类知识，提升公众的垃圾分类素养和热情，从而更好地推进全社会、全行业的垃圾分类和资源化处理等工作。

本书由韩丹任主编，张晖、赵由才任副主编，编写中得到了中国天楹李军总工程师、蒋丹、张聪逸、李正阳、毕金华、秦玉坤、王蒙等科研人员不同程度的参与，在此表示衷心的感谢。

限于笔者编写时间和水平，书中不足和疏漏之处在所难免，希望广大读者不吝指正。

编者

2019 年 11 月

目录

第1章 **揭秘生活垃圾** **001**

1.1 生活垃圾是如何产生的 002

1.2 生活垃圾有哪些 003

1.3 生活垃圾的污染现状 007

1.4 如何收集生活垃圾 012

第2章 **探索生活垃圾处理方法** **015**

2.1 垃圾的焚烧发电和填埋处理 020

    2.1.1 垃圾是如何发电的 020

    2.1.2 垃圾的填埋 029

2.2 厨余垃圾怎么变成肥料和沼气 030

2.3 纸类怎么再生循环 035

2.4 废塑料的再利用 037

    2.4.1 废塑料预处理 037

    2.4.2 废塑料直接再生利用 039

    2.4.3 废塑料化学回收利用 039

    2.4.4 废塑料能源回收 040

2.5 包装材料的回收利用 041

2.6 废电池的资源大变身 043

2.7 废橡胶的妙用 047

2.8 甘蔗渣变身环保材料   049

2.9 大件垃圾如何变废为宝   052

2.10 装修垃圾的妙用   054

2.11 电子废物的再生循环   056

2.12 废灯管去哪了   059

2.13 过期药品怎么办   062

第3章　走进国内垃圾处理   065

3.1 国内生活垃圾处理概述   066

3.2 上海——老港湿垃圾项目   068

3.3 固原——循环经济产业园   071

3.4 厦门——废弃包装材料回收再生利用   074

3.5 南通——建筑垃圾处理新模式   082

第4章　聚焦国外垃圾处理   087

4.1 国外生活垃圾处理概述   088

4.2 美洲   092

4.2.1 美国　　　　　　　092

4.2.2 阿根廷　　　　　　094

4.3 欧洲　　　　　　　　096

4.3.1 西班牙　　　　　　096

4.3.2 德国　　　　　　　097

4.3.3 瑞典　　　　　　　100

4.4 亚洲　　　　　　　　104

4.4.1 新加坡　　　　　　104

4.4.2 日本　　　　　　　108

4.5 澳大利亚　　　　　　115

第5章　生活垃圾未来处理趋势　　119

5.1 政策推动分类处理，垃圾焚烧占据主导　　120

5.2 分类处理撬动万亿市场，行业迎来新机遇　　126

5.3 企业抢占市场，助力生活垃圾处理智能化　　134

参考文献　　141

第1章

揭秘
生活垃圾

1.1 生活垃圾是如何产生的

地球为我们提供了美丽的生活环境，但随着社会经济的发展和城市人口的高度集中，生活垃圾的产量也在逐渐增加，造成了严重的环境污染问题。我们美丽的家园正在被垃圾包围。

可以说，有人生活的地方就有垃圾的产生，生活垃圾是人们在维系自身生存的过程中制造的废物（见图1.1）。我国是人口大国，垃圾产量之大也十分惊人。

▶ 图1.1　生活垃圾的产生

例如，2018年的武汉市每天可以产生1.2万吨生活垃圾，如果堆在一起，不到两个月就可以堆成一座500米高的"垃圾大楼"。而根据2011年的统计，上海每半个月产生的生活垃圾堆起来的体积相当于一座金茂大厦。

1.2 生活垃圾有哪些

2019年住房和城乡建设部发布了新版《生活垃圾分类标志》标准，该标准对生活垃圾分类标志的适用范围、类别构成、图形符号进行了调整（见图1.2），于2019年12月1日实施。该标准的适用范围进一步扩大，生活垃圾类别调整为4个大类（可回收物、有害垃圾、厨余垃圾和其他垃圾）和11个小类。

序号	标志含义	配色方案	标志
1	可回收物	白底黑图	 ♻ 可回收物 Recyclable
		基材底色图	 ♻ 可回收物 Recyclable
		白底彩图	 ♻ 可回收物 Recyclable

▶ 图 1.2

序号	标志含义	配色方案	标志
2	有害垃圾	白底黑图	 有害垃圾 Hazardous Waste
		基材底色图	 有害垃圾 Hazardous Waste
		白底彩图	 有害垃圾 Hazardous Waste
3	厨余垃圾	白底黑图	 厨余垃圾 Food Waste
		基材底色图	 厨余垃圾 Food Waste
		白底彩图	 厨余垃圾 Food Waste
4	其他垃圾	白底黑图	 其他垃圾 Residual Waste
		基材底色图	 其他垃圾 Residual Waste
		白底彩图	 其他垃圾 Residual Waste

▶ 图1.2　生活垃圾分类标志

（1）其他垃圾（见图1.3～图1.5）

▶ 图 1.3 废弃花盆 　　▶ 图 1.4 旧毛巾 　　▶ 图 1.5 烟蒂

其他垃圾还包括其他类别分辨不清的垃圾。

需要注意的是，一些名字里有"湿"的垃圾，其实属于其他垃圾。例如用过的湿纸巾、尿不湿等（见图1.6）。

▶ 图 1.6 尿不湿

（2）厨余垃圾

即易腐垃圾，指食材废料、剩菜剩饭、过期食品、瓜皮果核、花卉绿植、中药药渣等易腐的生物质生活废物（见图1.7～图1.9）。

▶ 图 1.7　过期的茶叶　　　　　　　▶ 图 1.8　过期的宠物饲料

▶ 图 1.9　抛弃的绿植

　　需要特别注意的是，某些食材余料并不属于厨余垃圾，而是其他垃圾（见图 1.10 ~ 图 1.12）。

▶ 图 1.10　大骨头　　　▶ 图 1.11　硬贝壳　　　▶ 图 1.12　椰子壳

（3）可回收物

指废纸张、废塑料、废玻璃制品、废金属、废织物等适宜回收、可循环利用的生活废物（见图 1.13～图 1.17）。

▶ 图 1.13　废报纸　　▶ 图 1.14　塑料瓶　　▶ 图 1.15　玻璃瓶

▶ 图 1.16　易拉罐　　　　　▶ 图 1.17　旧衣物

1.3 生活垃圾的污染现状

（1）中国

我国 2018 年产生约 10 亿吨垃圾，而且以 8%～10% 的速度持续增长。

2009 年～ 2019 年 1 月，中国生活垃圾历史存量约 100 亿吨。其中城市生活垃圾是国内各大城市面临的主要环境问题之一（见图 1.18）。虽然我国城市居民人均日产垃圾不足 1 千克，低于大多数发达国家，但由于人口基数大而导致垃圾总产量相当高。我国城市垃圾的特点是无机物含量高于有机物含量，不可燃成分多于可燃成分。

▶ 图 1.18　城市存量生活垃圾

（2）国外

1）美国

美国是世界上人口第三多的国家，产生了世界上最多的城市固体废物。加上工业、医疗、电子垃圾、危险废物和农业废物等，美国 2018 年产生约 84 亿吨废物，人均垃圾年产量约 26 吨。

在众多美国超市，人们早已习惯用商店免费提供的塑料袋将商品大包小包拎走，全美一年消耗 1000 亿个塑料袋；在美国的宾馆和快餐厅，普遍只提供一次性塑料餐具（见图 1.19），餐厅垃圾桶普遍充斥着这类白色垃圾；超市和饭店里大量当天未售出的食品基本上丢弃处理。据美国农业部估算，美国人 2018 年浪费的食物多达 1330 亿磅（约 6000 万吨），其价值约为 1610 亿美元。

▶ 图 1.19　一次性塑料餐具

2）丹麦

在丹麦首都哥本哈根，垃圾污染也是一个很普遍的问题；同时，大量垃圾被随处乱扔的情况也正在急剧增多，成吨的垃圾被扔进城市的河流和湖泊当中，这似乎已经成为一个普遍现象，这些垃圾当中大部分更是难降解的塑料垃圾。

2018 年 4 月，一只天鹅被迫在哥本哈根堆积着垃圾的河岸边上筑巢和产卵（见图 1.20），看上去让人心疼，更令人震惊，由此引发了一系列关于环境污染问题的讨论。

▶ 图 1.20　天鹅在垃圾上产卵（漫画版）

3）英国

2013 年英国环境部门曾公布了一份文件，在这份文件中英国官员承认，每年有 1200 万吨的分类垃圾出口到中国、印度和印度尼西亚等国家（其中，

运往中国每年约为 200 万吨）。英国环境部门曾宣称，收集来的家庭垃圾有
43% 得到了回收利用。但最终英国环保部门承认，43% 的数据其实是夸大了，
大量垃圾最后被倾倒在发展中国家的土地上。包括中国在内，许多发展中国
家都扮演着发达国家"垃圾填埋场"的角色。

中国关于塑料垃圾进口的政策发生改变之后，一切都变了。垃圾开始在
英国的回收公司堆积成山（见图 1.21），英国有数十个地方政府放弃了每周
一次的垃圾收集工作，改为每隔一周有计划地收集。这一举动是为了推动资
源回收并且迫使人们更多地意识到他们扔掉的是什么东西。

在 2017 年 7 月中国实施垃圾进口禁令之后的 4 个月里，英国开始加速
向东南亚输出垃圾，其中向马来西亚出口的废物数量是以往的 3 倍，对越南
的出口量增长 50%，而泰国接收的垃圾量则飙升至以往的 50 倍！

▶ 图 1.21　英国南约克郡的一条河流成了"垃圾河"（漫画版）

4）澳大利亚

根据澳大利亚政府公布的数据，澳大利亚在 2016 ～ 2017 年间产生了

6700 万吨固体废物，相当于每年人均产生 2.7 吨固废。而在之前的很长一段时间里，这些垃圾中的大部分都被送往中国。

在中国和印度相继发布垃圾进口禁令，澳大利亚的土地上堆积着越来越多的垃圾，巨大的垃圾量导致了澳大利亚的垃圾回收系统面临崩溃。据统计，2018 年澳大利亚科科斯群岛的海滩上散落着约 4.14 亿件塑料垃圾，总重达 238 吨，其中包括 97.7 万只鞋子和 37.3 万把牙刷（见图 1.22）。

▶ 图 1.22　海滩上的垃圾

1.4 如何收集生活垃圾

城市生活垃圾是分散产生的，但不可能进行分散处理，必须集中起来运送到大型垃圾处理设施进行处理。一般来说，城市生活垃圾不同于农村垃圾，其产生的源头和种类比较复杂，产生量也比较大，归纳起来主要有以下几种收集方式。

（1）城市保洁垃圾的收集

城市有大量的街道小巷和公共场所，由于自然和人为的原因，产生大量的垃圾需要进行室外清扫保洁。城市保洁垃圾主要是枯枝树叶和餐巾纸、果皮、烟头、包装盒、塑料瓶（袋）和食物残渣等，主要依靠人力进行清扫保洁，就是人们常见的环卫工人清扫马路，大的马路和街道可以使用扫路车等机械设备。为保持城市街面整洁，许多城市投入大量人力物力进行保洁，保洁垃圾是城市生活垃圾的一个重要的组成部分（见图1.23）。

▶ 图1.23 城市保洁

（2）市民家庭垃圾的收集

城市居民家庭的生活垃圾也是城市生活垃圾的一个重要组成部分，随着城市居民生活水平的提高，其垃圾成分往往比城市保洁垃圾更加复杂，包含大量的厨余有机垃圾、电池等有害垃圾以及大件的旧家具等。市民家庭垃圾的收集主要是环卫工人上门收集，或者规定居民扔到指定的垃圾投放点。为保持城市环境卫生，要严禁市民乱扔家庭垃圾，尤其是高空抛掷垃圾等物品。

（3）集团单位和店铺、市场等垃圾的收集

城市里有大量的集团单位、商业店铺、学校、工厂、市场等，相比较而言，

单个集体产生的垃圾可能会比较单一，例如专业的市场，但整个集体产生的垃圾却是更加复杂多样。这些集体单位产生的垃圾量巨大，其收集方式主要是运送到指定的收集地点，大的单位也可自行收集后运输到城外的垃圾处理场，例如规模庞大的大学。

（4）城市生活垃圾的分类收集

城市生活垃圾成分复杂，数量巨大，既有大量可以回收利用的有用物质，又有大量的有害垃圾。目前许多城市认识到垃圾分类的重要意义，纷纷制定政策措施，积极推进垃圾分类工作。垃圾分类收集是源头分类，是垃圾分类处理回收利用的基础性工作，与垃圾中间分类或末端分类相比，既可节约成本，又可避免垃圾的二次污染。

第 2 章

探索生活垃圾处理方法

　　近年来，我国进行了大量的城市生活垃圾处理研究，并陆续兴建了一批大、中型的城市垃圾处理设施，城市垃圾处理率得到迅速的提高。但是，由于资金原因，国内仍然有许多城市采用集中堆放或简易填埋的方式处置城市垃圾，这些垃圾在填埋时，由于没有很好地压实，很多填埋场未达到使用年限就填满封场。

　　沿海的许多城市垃圾填埋很难找到合适的场地。另有许多城市因为缺乏资金，无法按标准要求建造填埋场或焚烧设施。有些城市或地区，虽然解决了一次性的建设投资，但长期运行的费用难以维持，因而也很难达到垃圾彻底的无害化处理。可堆腐的有机垃圾是我国城市垃圾的主要成分之一。将垃圾中的可堆腐有机物进行堆肥处理是提高垃圾再生利用水平的主要途径。垃圾的堆肥处理可显著提高垃圾资源化水平。实施垃圾分类收集可极大地促进垃圾堆肥的处理效率，例如，将厨余垃圾、园林修剪物、果品蔬菜加工残渣、养殖场、屠宰场废物等单独分类收集后用于堆肥，既简化堆肥工艺，降低堆肥成本，又可提高堆肥质量，为打开堆肥市场开创有利条件。在城市垃圾堆肥方面主要采用机械化堆肥和简易高温堆肥技术。由于部分项目中使用的简易高温堆肥技术设施较为落后，生产的堆肥产品质量不高、肥效较低，使堆肥产品销路不畅，最终导致堆肥场因堆肥产品的积压而停产。使用机械化堆肥的产品相对质量较高，市场前景也较好。

　　常用城市生活垃圾处理方法如下。

（1）焚烧

　　焚烧的实质是将有机垃圾在高温及供氧充足的条件下氧化成惰性气态物和无机不可燃物，以形成稳定的固态残渣。首先将垃圾放在焚烧炉中进行燃烧，释放出热能，然后余热回收可供热或发电。烟气净化后排出，少量剩余残渣排出、填埋或作其他用途。其优点是具有迅速的减容能力和彻底的高温无害化效果，且占地面积不大，对周围环境影响较小，有热能回收。

　　因此，焚烧处理是无害化、减量化和资源化的有效处理方式。随着人们环保意识的不断增强和热能回收等综合利用技术的进步，世界各国采用焚烧技术处理生活垃圾的比例正在逐年增加（见图 2.1）。

▶ 图 2.1　焚烧发电厂

（2）堆肥法

利用垃圾中存在的微生物，使有机物质发生生物化学反应，生成一种类似腐殖质土壤的物质，它既可用作肥料，又可用来改良土壤。

垃圾堆肥在中国农村已有数千年的历史，也是处理垃圾的主要方法之一。堆肥法按分解作用原理可分为好氧和厌氧两种，我国多数采用高温好氧法；按堆积方法可分为露天堆肥和机械堆肥两种。

好氧堆肥一般在露天进行，其占地面积较大，成肥时间冬季需一个月，夏季约半个月。大部分发达国家则采用机械堆肥的作业方式，成肥时间仅需 3 ～ 4 天，占地面积比常规法缩小 80%。用机械化装置堆肥，初期常采用堆垛法，不需预先加工或粉碎，但必须把不能成肥的物质分离出去。目前，大部分堆肥装置采用固定塔、固定室或滚筒进行垃圾的堆肥处理，其中卧式滚筒使用率最高，多层立式发酵塔的使用也占一定比例。

在堆肥处理过程中，还可养殖蚯蚓，蚯蚓既能消化垃圾又可喂鱼、养鸡。垃圾与污泥一起处理或与粪便混合堆肥，既可减少环境污染，又能提高肥效。堆肥处理是发展中国家最有前途的生活垃圾处理方法之一（见图2.2）。

▶ 图2.2　垃圾堆肥

（3）填埋法

填埋法是一种比较古老而又广泛被采用的垃圾处理方法。从古希腊时代起到现在世界各国仍在用此方法处置垃圾。为防止二次污染和填埋方便，填埋物必须符合下列要求。

① 严禁含有毒有害物。包括有毒工业制品及其残物，有毒药物；有化学反应并产生有害物的物质，有腐蚀性或有放射性的物质，易燃、易爆等危险品，生物危险品和医院垃圾及其他污染物。

② 填埋物的含水率小于20%，无机成分大于60%，密度大于0.5吨/立方米。

③ 在降雨量大的地区，填埋物的含水率允许适当增大，但以不妨碍碾压

施工为宜。填埋是一种工程处理工艺，场址选择应符合当地城乡建设总体规划要求，并与当地的大气防护、水资源保护、大自然保护及生态平衡要求相一致。

填埋场应设在交通方便、运距较短、征地费用少、施工方便的地方，并充分利用天然的洼地、沟、峡谷、废坑等。为防止对地下水污染，填埋场必须进行人工防渗，即场底及四壁用防渗材料做防渗处理（见图2.3）。

垃圾填埋时，采取层层压实的方法，压实后密度大于0.6吨／立方米，每层垃圾厚度为2.5～3米，一次性填埋处理，垃圾层最大厚度为9米，垃圾压实后必须覆土20～30厘米。

▶ 图2.3　垃圾填埋场

（4）回收有用物质

垃圾中的废纸、黑色和有色金属、塑料、织物、玻璃陶瓷、皮革橡胶等有用成分，应回收利用；这也是保护环境的重要措施之一。

垃圾中有用成分回收方法有重力分选、浮选、磁力分选、静电分选等方法。

2.1 垃圾的焚烧发电和填埋处理

2.1.1 垃圾是如何发电的

（1）什么是垃圾焚烧处理

焚烧就是烧掉、烧毁，即在燃烧过程中把可燃的物质烧完并化为灰烬。焚烧处理是利用高温氧化作用处理生活垃圾——将生活垃圾在高温下燃烧，使生活垃圾中的可燃废物转变为二氧化碳和水等，焚烧后的灰、渣体积不到生活垃圾原体积的 20%，从而大大减少了固体废物量；同时高温燃烧还可以消灭各种病原体（见图 2.4）。

▶ 图 2.4　国内焚烧发电厂

（2）国外垃圾焚烧处理的情况

1）欧洲焚烧处理现状

2000 年后欧洲各国普遍加强垃圾焚烧处理，欧盟的废弃物管理最高法令也明确支持和鼓励对垃圾进行能源回收（以焚烧为主）。1996 ~ 2007 年，欧盟成员国垃圾填埋量不断减少，而焚烧量却呈上升趋势。据统计，2006年欧洲主要国家总人口为 5.78 亿人，生活垃圾产生总量约为 2.97 亿吨，生活垃圾焚烧发电（供热）厂达到 425 座，垃圾焚烧处理量约 6362 万吨，比2001 年增加了 20%（见图 2.5）。

▶ 图 2.5　欧洲焚烧发电厂

2）日本焚烧处理现状

在日本，垃圾焚烧处理量一直居高不下，东京的中央焚烧厂距离日本皇宫仅 3.5 千米；日本皇宫周边 7 千米范围内有 7 座垃圾焚烧发电厂。从 20 世纪 60 年代起，日本就开始大规模建设焚烧厂，早期日本建设了很多小型的垃圾焚烧厂，随着污染控制的要求不断提高，这些小型焚烧厂不断被大型焚烧厂所替代。20 世纪 90 年代，为了更好地加强垃圾焚烧厂的污染控制，日本对垃圾焚烧设备及烟气处理设备进行升级换代，焚烧在生活垃圾处理中仍占据主体地位。虽然日本的垃圾焚烧厂数量减少，但是焚烧处理总量并未明显减少。随着垃圾分类回收和减量化的推行，日本垃圾的焚烧总量略有减少。总的来看，日本垃圾处理以焚烧为主，垃圾分类回收在逐步加强，填埋处理量在逐步减少（见图 2.6）。

▶ 图 2.6 日本焚烧发电厂

3）新加坡焚烧处理现状

新加坡的垃圾处理政策是"发展与维持足够的焚烧厂以焚烧全部可以焚烧的垃圾，发展与维持足够的填埋场以处理全部不可焚烧的垃圾和焚烧后的灰烬"。新加坡实行的是全量焚烧、灰渣填埋的垃圾处理方式。新加坡在 2018 年有 4 座垃圾焚烧发电厂、1 座垃圾填埋场及 1 座与之配套的海上转运站，分别位于其北部、中部、西部偏南和南部海岛，除最早建设的乌鲁班丹焚烧发电厂距居民区 2 千米外，其他处理厂（场）均距居民区 10 千米以上。实马高垃圾埋置场主要填埋新加坡 4 座焚烧发电厂焚烧后的灰烬，以及不可焚烧的工业、建筑废料，预计可使用至 2045 年。大士南垃圾焚烧发电厂全负荷垃圾处理能力为 3000 吨／日，其年生产电力 9.81 亿千瓦时，占新加坡全部电力需求的 2% ～ 3%（见图 2.7）。

▶ 图 2.7　新加坡焚烧发电厂

（3）我国垃圾焚烧发电现状

我国垃圾焚烧发电虽起步较晚，但发展迅速（见图 2.8）。1988 年深圳建立了我国第一座引进日本三菱马丁进口设备和技术的垃圾发电厂——深圳市政环卫综合处理厂（日处理垃圾 3×150 吨，装机容量 4 兆瓦）。随后珠海、上海、宁波、杭州、温州、苏州、常州、重庆、成都、广州、福州、厦门、天津和北京等多个城市的垃圾焚烧发电厂相继建成投产。

▶ 图 2.8　焚烧发电工艺流程装置模型

（4）生活垃圾能燃烧吗，能焚烧彻底吗

首先要说明什么是热值：热值是单位质量（或体积）的燃料完全燃烧时所放出的热量，即 1 千克（或 1 立方米）某种固体（或气体）燃料完全燃烧放出的热量称为该燃料的热值。随着我国经济的不断发展，人民生活水平的不断提高，日常生活垃圾的热值也在不断提高。生活垃圾的热值水平相当于普通煤炭的 1/4，大约是 4200 千焦 / 千克。生活垃圾在稳定燃烧过程中完全不需要添加煤、油或天然气等辅助燃料。现在国内的机械炉排炉都比较成熟，均能彻底焚烧生活垃圾，焚烧后的残渣是一种密实的、不腐败的无菌物质。图 2.9 为焚烧厂炉排炉。

▶ 图 2.9　焚烧厂炉排炉

（5）焚烧处理有什么好处；1 吨生活垃圾能发多少电；能减少多少二氧化碳的排放

垃圾焚烧处理具有"减量化、资源化、无害化"（3R）的优点，而且焚烧处理设施占地较少，垃圾稳定化迅速，减量效果明显，生活垃圾臭味控制相对容易，焚烧余热可以再利用，在安全、无害、高效处理生活垃圾的同时，还能利用其焚烧所产生的余热进行发电（供热），符合循环经济的要求，是国内外普遍推崇的生活垃圾处理技术。利用生活垃圾焚烧产生的余热发电，不仅可以实现废物资源化，还可以节省大量的不可再生资源如煤、天然气和燃油等，进一步减少二氧化碳的排放。据估算，2018年国内炉排炉生活垃圾焚烧发电厂每吨垃圾可以上网的电量为 250 ~ 350 千瓦时，每吨生活垃圾焚烧发电可节约标煤 81 ~ 114 千克、减排二氧化碳 202 ~ 283 千克。

（6）什么样的城市适合选择垃圾焚烧处理方式

随着我国城市化进程的加快和人民生活水平的提高，城市规模越来越大、城市人口越来越多，从而使得城市生活垃圾产量不断增加，城市垃圾围城危机日益严重。填埋、堆肥处理已经不能完全满足垃圾处理需求。此外，堆肥对土壤的负面影响较大；大部分垃圾填埋场也已处在即将填满而要重新选择填埋场地的情况。由于土地紧缺和生态环境的要求，在不同城市根据实际情况发展垃圾焚烧发电（供热）技术，对垃圾进行无害化处理就显得更加迫切。根据经济发展的需要和实际情况，GDP 不高的地区偏向于继续采用填埋的方式处理垃圾。而在比较发达的地区和城市，由于其土地资源较少，城市人口基数较大，因此更加适合采用焚烧方式对垃圾进行减量化、无害化和资源化处理。

（7）焚烧处理产生哪些废气；如何控制

生活垃圾焚烧发电（供热）厂排放的废气主要来自焚烧炉所产生的烟气，所含的主要污染物为粉尘、氯化氢（HCl）、二氧化硫（SO_2）、氮氧化物（NO_x）、一氧化碳（CO）、氟化氢（HF）、有机污染物、二噁英及重金属等。通过计算机控制系统实现垃圾焚烧、热能利用、烟气处理等过程的高度自动化，使焚烧系统在额定工况下运行，从而使原始排放物浓度降到最低。烟气经过烟气净化系统处理后通过烟囱排入大气前，使用烟气在线监测仪来连续监测每条焚烧线的烟气排放指标，确保垃圾焚烧发电（供热）厂烟气能够达标排放（见图 2.10）。

▶ 图 2.10　烟气净化系统

（8）垃圾焚烧产生的二噁英是什么

　　二噁英实际上是二噁英类物质的一个简称，它指的并不是一种单一物质，而是结构和性质都很相似的包含众多同类物或异构体的两大类共 210 种化合物，这类物质非常稳定，熔点较高，极难溶于水，可以溶于大部分有机溶剂，是无色无味、毒性严重的脂溶性物质，所以非常容易在生物体内进行生物积累。生活垃圾在燃烧过程中会产生二噁英，垃圾露天焚烧或在填埋场垃圾自燃排放的二噁英是同量垃圾经过现代化焚烧排放的很多倍。此外，再生有色金属、炼钢、铁矿石焚烧、炼焦、遗体火化、铸铁生产、水泥生产、制浆造纸等行业也会产生大量的二噁英；汽车尾气、香烟、烧烤、烟花爆竹、自然界中森林火灾和火山爆发等都会产生二噁英。目前，环境中存在的二噁英主要来自冶金、炼焦、石化等行业。

（9）垃圾焚烧的烟气中为什么会有二噁英

生活垃圾中本身含有微量的二噁英，由于二噁英具有热稳定性，尽管大部分经高温燃烧得以分解，但仍会有一部分燃烧后随烟气排出。

燃烧过程中由含氯前体物生成二噁英，前体物包括聚氯乙烯（一种常见的塑料）、五氯苯酚（纺织品、皮革制品、木材、织造浆料和印花色浆中普遍采用的一种防霉防腐剂）等，燃烧中前体物分子通过重排、自由基缩合、脱氯或其他分子反应等过程会生成二噁英，这部分二噁英大部分经高温燃烧被分解。

当燃烧不充分时，烟气中产生过多的未燃尽物质，在300～500℃温度环境下，经高温燃烧已分解的二噁英遇到适量的触媒物质（主要为重金属，特别是铜）将重新生成。

（10）垃圾焚烧中二噁英的生成可以控制吗

尽管焚烧可能产生二噁英，但只要控制燃烧的条件，例如让烟气在炉子里停留的时间长一些就可以大幅减少二噁英的产生。

选用符合国家标准《生活垃圾焚烧污染控制标准》（GB 18485—2014）的焚烧炉，控制燃烧温度，确保烟气在燃烧室内温度达到850℃以上的区域停留时间不小于2秒，使二次燃烧的气体形成旋流，使燃烧更完全、更充分，使二噁英充分分解。研究表明，二噁英的生成和一氧化碳浓度有很大关系。焚烧运行中通过调节一、二次风量和配比，利用二次风来加强扰动，可以使垃圾燃烧更加充分，从而进一步控制烟气中一氧化碳的含量及二噁英的生成量。

当烟气温度降到300～500℃范围时，少量已经分解的二噁英将重新生成，因此，设计考虑尽量减小余热锅炉尾部的截面积，使烟气流速提高，以减少烟气从高温到低温过程的停留时间，以减少二噁英的再生成。

（11）二噁英的排放可以控制吗

二噁英的排放是可以控制的。主要的控制方式有两种：一是在烟气净化系统的烟道上布置活性炭导入装置，将比表面积大于 700 米^2/ 克的活性炭喷入烟气，以吸附二噁英。同时，布袋除尘器中，当烟气通过由颗粒物形成的滤层时，含尘烟气中残存的微量二噁英仍能被滤层中未反应的 Ca（OH）$_2$ 或 CaO 粉末、活性炭粉末等所组成的粉饼层过滤和吸附而得到进一步净化。二是选用高效布袋除尘器，采用高效滤料，将附有二噁英的飞灰过滤收集后，用"螯合剂 + 水泥 + 水"稳定化处理。

（12）垃圾焚烧处理厂有臭味吗；如何控制恶臭

生活垃圾中有机物的腐烂分解，不可避免地将产生恶臭污染。恶臭污染源主要来自进厂的原始垃圾、垃圾运输车在卸料过程中和垃圾堆放在垃圾储坑内散发出带恶臭的气体，其主要成分为硫化氢（H$_2$S）、氨（NH$_3$）等。控制恶臭的主要方式有以下几种。

① 垃圾本身是有臭味的，因此不排除运输沿路有臭味，这方面主要是采用密闭性、具有自动装卸结构的运输车来运输垃圾，尽量减少臭味外逸。

② 垃圾运输车进入车间后，通过卸料门将垃圾倾倒进垃圾坑中。垃圾卸料门为电动提升式，由专人控制，运输车完成卸料后及时关闭，使垃圾坑密闭化。

③ 垃圾卸料大厅总入口设置空气幕，以防止臭气外逸。

④ 垃圾坑为密闭式，风机的吸风口设置于垃圾坑上方，使垃圾坑和卸料大厅处于负压状态，不但能有效地控制臭气外逸，又同时将恶臭气体作为燃烧空气引至焚烧炉，恶臭气体在焚烧炉内高温分解，气味得以清除。为避免臭气外逸，垃圾坑厂房为封闭厂房。

⑤ 在厂区四周种植一定数量的高大乔木，减少影响。

⑥ 为防止在全厂停炉检修期间，垃圾坑的臭气污染周围环境，坑内臭气经活性炭废气净化器净化后排至室外。定期对净化器出口的臭气浓度进行检测，当臭气出口浓度达到国标控制限值，及时更换净化器内的活性炭，废弃的活性炭将与生活垃圾混合进入焚烧炉内进行高温焚烧处理（见图 2.11）。

▶ 图 2.11　净化系统

⑦ 渗滤液处理系统为密闭结构，顶部设导气管，产生的沼气以及臭气通过导气管、抽风机导入垃圾储坑。

2.1.2 垃圾的填埋

卫生填埋具有成本低、处理量大、操作简便等特点，但存在占地多、渗滤液难处理、恶臭相对较难控制等缺陷和不足。由于经济、技术以及管理方面的原因，我国现行生活垃圾填埋场很多存在二次污染的风险，对周围的水体、大气和土壤也造成不同程度的影响（见图 2.12）。

▶ 图 2.12　卫生填埋场

2.2 厨余垃圾怎么变成肥料和沼气

在鼓励居民进行生活垃圾分类时，不少社区干部和志愿者曾被居民这样反驳："如果最后还是一把火烧了、一个坑填了，那我为什么要分类？"

生活垃圾末端分类处置设施和能力还有"短板"，在补齐"短板"前，一部分生活垃圾分类后的确没有得到理想的循环利用。"末端不分类，源头就没必要分类"，这样的想法成了推进垃圾分类的阻碍。

随着国内各地厨余垃圾处理厂的建成投产，例如广州市白云区的李坑综合处理厂、上海老港湿垃圾处理厂以及国内各地在乡镇的厨余垃圾就地处理设备投入使用，居民对于厨余垃圾的资源化利用越来越了解。国内很多地方居民的想法已经变为"源头不分类，末端就没办法处置"。

图 2.13 为一般家庭产生的厨余垃圾。

▶ 图 2.13　一般家庭产生的厨余垃圾

（1）厨余垃圾变肥料

在上海市园林科学规划研究院的牵线搭桥下，一些小区将分出来的厨余垃圾，主要是菜叶、果皮等交给湿垃圾处置站，通过堆肥做成有机介质。这些有机介质就用于提升奉贤首条公交快线沿线约 5 千米绿化土壤的质量。

2019 年科研人员还在试验湿垃圾制有机介质和原土的调配配方，但施工方已经等不及了，决定在公交快线沿线种植上千棵美国红枫和染井吉野樱等"网红"树种，原因很简单：充分信任厨余垃圾的"能力"，相信提升质量后的土壤可以让树木茁壮成长（见图 2.14）。

▶ 图 2.14　厨余垃圾制成的肥料

厨余垃圾制有机介质在闵行外环林带的香樟上也大显身手。每亩使用 5 吨厨余垃圾制有机介质，香樟的叶绿素含量比使用前增加了 1.37% ~ 3.17%，叶面积增长了 3.7 倍以上。

在老港林地，"烂菜皮"还起到了"拯救"土壤的作用。试验数据表明，每年使用 12 立方米厨余垃圾制有机介质的试验地，平均每年土壤的有机质含量增加了 0.85%。这意味着，一些有机质含量不合格的绿化用土壤，最多不到 2 年就可借助厨余垃圾制有机介质肥沃起来。

垃圾分类，全世界的决心和方向都是一致的，只是步调有些不同。让我们一起看看加拿大的卡尔加里政府是怎么处理厨余垃圾，以及垃圾最终的用途吧。

卡尔加里是阿尔伯达省的一个经济城市，以石油工业为主，人口 150 万，地处加拿大的西北部，气候寒冷干燥，常有人说此地一年就两季——冬季和大约在冬季。

卡尔加里有些家庭会在院子里放一个大黑桶，平时的厨余垃圾就堆放在里面，当天气炎热时会加快垃圾腐烂进展，底部会掉下很多黑色的颗粒（见图 2.15）。

▶ 图 2.15　家庭堆肥

（2）厨余垃圾变沼气

上海最大的厨余垃圾资源化利用项目——老港厨余垃圾项目将于 2020 年年底投产。这是为厨余垃圾量身定制的新处理方式，厨余垃圾在密闭条件下进行厌氧发酵处理，有机物降解后产生沼气，用于供热与发电，而处理后的沼渣干化后再进行焚烧处理。

通常厨余垃圾的处理工艺如图 2.16 所示。

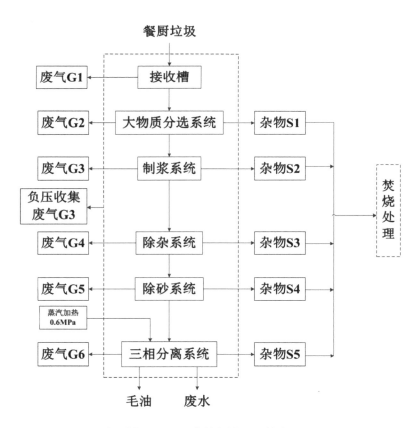

▶ 图 2.16　厨余垃圾处理工艺流程图

在厨余垃圾处理厂，运到这里的厨余垃圾分拣去除塑料袋等杂质后，经过粉碎、提油等步骤，将通过厌氧发酵产生沼气，并用于发电（见图 2.17）。残余的沼渣将被送入焚烧炉焚烧处理。

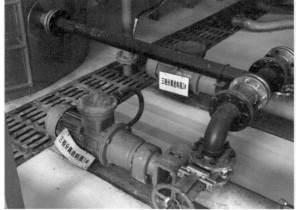

▶ 图 2.17　厨余垃圾处理设备

　　1 吨厨余垃圾产生的沼气大概有 80 立方米，可以发电 150 千瓦时左右。

　　2019 年上海市每天产生厨余垃圾约 6220 吨，资源化利用约占 81%，到 2020 年上海市生活垃圾焚烧能力将达到 20800 吨 / 日，厨余垃圾资源化能力将达到 7000 吨 / 日。

2.3 纸类怎么再生循环

本书介绍的纸类为可以再生循环利用的纸，包括各种高档纸、黄板纸、废纸箱、切边纸、打包纸、企业单位用纸、工程用纸、书刊报纸等，不包括日常生活中使用的餐巾纸或卫生纸等。在国际上，废纸一般区分为欧洲废纸、美国废纸和日本废纸三种。在我国，废纸的循环再利用程度与西方发达国家相比较低。

随着经济社会的发展，纸张使用量快速上升，废纸大量产生。中国作为世界第二大纸张及纸板的消费国，2018 年纸消费量为 9387 万吨，废纸回收量保守估计为 4964 万吨。

纸张的原料主要为木材、草、芦苇、竹等植物纤维，因此废纸又被称为"二次纤维"。废纸最主要的用途是纤维回用生产再生纸产品（见图 2.18）。根据纤维成分的不同，按纸种进行对应循环利用才能最大限度地发挥废纸资源价值。

▶ 图 2.18　废纸

我国再生纸目前主要应用于纸板和纸箱、包装纸袋、卫生纸等生活用纸、新闻用纸及办公文化用纸5个方面，其中，纸板和纸箱是应用规模最大的一个领域。图2.19为一个普通的小型废纸处理厂。

通常情况下，回收利用纸张需要以下步骤：

① 加水搅拌，形成纸浆；

② 加入相应的脱墨剂，分离纸张纤维和油墨；

③ 使用浮选法或洗涤法，分离纤维与颜料颗粒；

④ 分别用压制机和螺旋运送机来排水、切割分离后的纸浆；

⑤ 用含氧化物的脱色剂漂白纸张，并清洗多余的脱色剂；

⑥ 加入湿强剂，使生产后的卫生纸、纸巾以及厨房用纸在吸收大量水分的情况下不易变形或破损。

▶ 图 2.19　废纸处理厂

通俗地说，废纸制浆的过程如同在洗衣机里把卫生纸加水搅拌打碎的过程。只不过废纸的原料驳杂，有的废箱有装订钉，有的废纸有塑料附膜层，还有的会有胶水、油墨。这些杂质会根据自身的特性在制浆的工艺中被除去。大块的杂质被碎浆机筛板隔离分开。重的砂粒、铁钉被除渣器除去，油墨被脱墨剂分散后气浮出去，胶黏物会被轻渣除渣器除去，除不掉的小颗粒加热后在化学品作用下分散被纤维吸附。

纸类通过上述办法回收再利用后,仅会留下极少部分不能被利用的剩余物,这些剩余物会被送往焚烧厂焚烧或者送去卫生填埋。

2.4 废塑料的再利用

2.4.1 废塑料预处理

(1)分选

由于收集的废塑料成分复杂,常常混有金属、砂土、织物、垃圾(见图2.20)。因此,应该先把这些杂物分离出来,同时在初步分类收集后还可能有不同种类的废塑料混杂在一起,它们的理化性质是不同的,在利用前还需要进一步分选归类,才能满足其再生利用的使用要求。塑料分选主要有手工分选法、磁选法和风力分选法三种。

▶ 图 2.20 废塑料

（2）清洗

　　废塑料通常在不同程度上粘有各种油污、灰尘、泥沙和垃圾等，因此必须先清洗掉其表面附着的这些外部杂质，以提高再生制品的质量。我国主要采取机械清洗和人工清洗两种方法，图 2.21 为机械清洗的设备。

▶ 图 2.21　机械清洗的设备

（3）破碎造粒

　　废塑料在简单加工前一般用破碎设备进行破碎或剪切，以便进一步熔融再选粒。并非所有的废弃塑料都可以直接破碎，干净的工厂回料可以直接干式破碎，再生造粒。而多数外界回收的废弃塑料应在破碎前进行粗洗，接着进行湿式破碎，破碎后再清洗、浮选，然后造粒。图 2.22 为造粒后的塑料颗粒。

▶ 图 2.22　造粒后的塑料颗粒

2.4.2 废塑料直接再生利用

通常所说的再生塑料一般指消费后失去使用价值的可循环利用的塑料产品。塑料经过回收、集中、分类、科学合理处置后可以获得再生价值，实现循环利用。

某些合成塑料的基本原料乙烯是由石油经过裂化裂解得到的，因此回收废塑料相当于节省了石油。一般情况下，塑料的惰性都比较强，在自然环境下不易被降解，这给生态环境带来了巨大的负担和压力。将废塑料变废为宝是减轻生态环境污染的重要途径，再生塑料的环境经济价值远远大于原生塑料。

废塑料再生产品越来越多地出现在日常生活中，2019 年 6 月，某饮料品牌推出一款集防雨、防风、防晒于一体的再生潮流单品——在乎衣，见图 2.23。在乎衣使用的面料是 rPET（再生聚酯纤维），1 件在乎衣需要使用的面料约由 13 个回收塑料瓶再生而来。

▶ 图 2.23　在乎衣

2.4.3 废塑料化学回收利用

废塑料的化学再生利用是指通过化学反应使废塑料改变自身现有的特性，变成其他物质。这些技术可以废塑料为原料生产燃料油、燃气、聚合物单体及石化、化工原料（见图 2.24）。

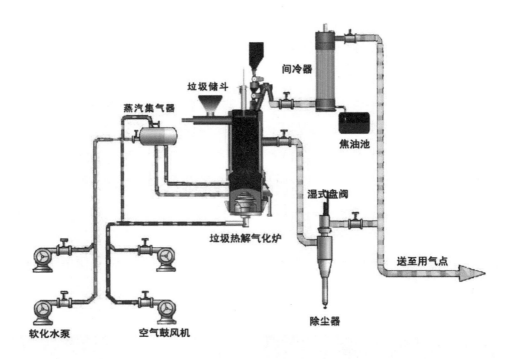

▶ 图 2.24　废塑料化学回收利用

2.4.4 废塑料能源回收

废塑料的热能利用，是指将其作为燃料，通过控制燃烧温度，充分利用废弃塑料焚烧时放出的热量。这种方法具有明显的优点：

① 不需繁杂的预处理，如无特殊要求，也不需要与生活垃圾分离，特别适用于难以分选的混杂型废塑料；

② 从处理的角度看十分有效，焚烧后可使其质量减少 80%，体积减小90% 以上，燃烧后的渣密度较大，处理方便；

③ 废塑料燃烧产生热量很大，其热值与相同种类的燃油相当。

2.5 包装材料的回收利用

　　每当夏季来临,气温升高,在包装用品上会使用更多的保温泡沫盒和冰袋。这些包装材料本可以反复利用,但大部分人都将其随手丢弃并造成了大量的白色垃圾,这不仅增加了城市垃圾清运的工作量,也浪费了可观的可循环利用资源。为了减少对环境的污染,建议大家把用过的纸板、泡沫盒、蔬菜盒、鸡蛋盒、冰袋等交给配送师傅统一进行回收再利用。图2.25为简单分类后的包装材料。

▶ 图 2.25　包装材料——纸板

　　一般的包装材料的材质通常为如下几种。

（1）聚乙烯 / 低密度聚乙烯（见图 2.26）

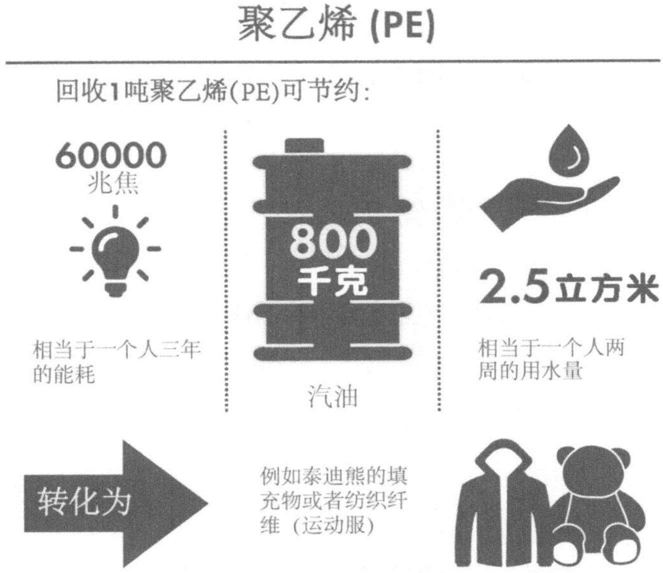

聚乙烯 (PE)

回收1吨聚乙烯(PE)可节约：

60000 兆焦

相当于一个人三年的能耗

800 千克

汽油

2.5立方米

相当于一个人两周的用水量

转化为 ➡ 例如泰迪熊的填充物或者纺织纤维（运动服）

▶ 图 2.26　聚乙烯低密度聚乙烯回收利用

（2）纸张/纸板（见图2.27）

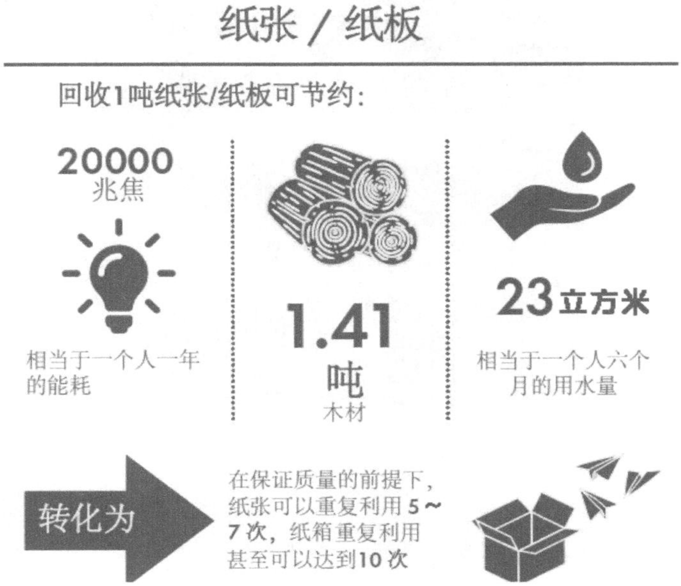

纸张/纸板

回收1吨纸张/纸板可节约：

20000 兆焦

相当于一个人一年的能耗

1.41 吨

木材

23立方米

相当于一个人六个月的用水量

转化为 ➡ 在保证质量的前提下，纸张可以重复利用5~7次，纸箱重复利用甚至可以达到10次

▶ 图 2.27　纸张/纸板回收利用

（3）聚苯乙烯（见图2.28）

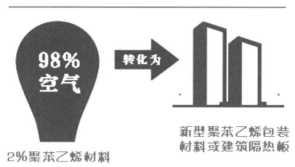

▶ 图 2.28　聚苯乙烯回收利用

2.6 废电池的资源大变身

作为有害垃圾，废电池产生量较大，但这类垃圾的回收市民知晓率和参与度都较高，是回收的重点。一般回收会处理四类不同的电池，小的如市民最常用的电池，大的还有公交车上的电池，包括废锂电池、废镍氢电池、废镍锌电池及废碱性电池、废碳性电池等。现在的技术可以最大限度地降低废电池中重金属镉、电解液及其他有害物质对环境造成的污染和对人体的危害，实现了废电池真正意义上的"绿色再生"。图2.29为日常生活中常用的纽扣电池。

废电池的回收技术及工艺流程有拆解、破碎、过筛、煅烧，提炼废电池中可再利用的铜、铝、铁、锌、镍、镉、钴、锰等再生金属。

▶ 图2.29 日常生活中常用的纽扣电池

（1）铅蓄电池处理

铅蓄电池处理的关键步骤主要分为三步。

1）火法处理

简单说就是铅蓄电池在预处理后加一些还原试剂，投放到炉子里烧，温度一般高于900℃。火法处理又分为无预处理混炼、无预处理单独冶炼、预处理单独冶炼工艺。

2）湿法处理

切割电池，放出硫酸，分出塑料壳、橡胶壳，加石灰沉淀硫酸根，在氟硼酸溶液中溶解Pb、PbO，电解并沉淀Pb。湿法处理又分为直接电积法、接电积法、非电积法。

3）固相电解还原

把铅泥涂在阴极上进行电解，铅离子还原成铅，阳极板放出氧气，同时夹带一些碱液。在碱性溶液中有少部分铅化合物先溶解成$HPbO_3$，然后再电解还原成金属铅。当然，在这个步骤之前需要分选、预处理，之后要处理电解液、含Pb废水、废气（见图2.30）。

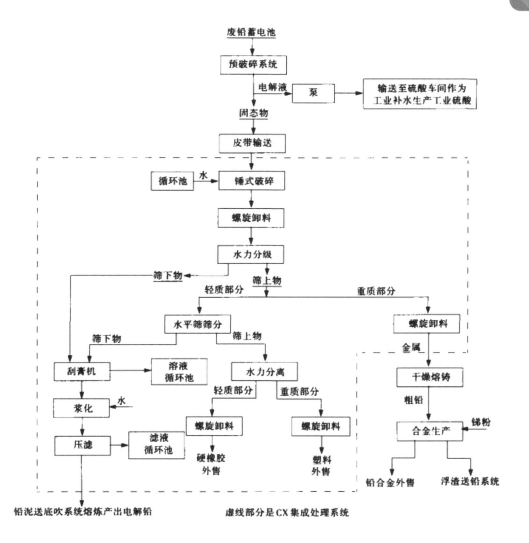

▶ 图 2.30　铅蓄电池处理流程

　　处理过程中产生或者残留的废物，根据不同种类进行焚烧或者填埋处理。

（2）锂离子电池处理

　　锂离子电池被普遍认为是环保无污染的绿色电池，但锂离子电池回收不当同样会产生污染。锂离子电池虽然不含汞、镉、铅等有毒重金属，但电池的正负极材料、电解液等对环境和人体的影响仍然较大。如果采用普通垃圾处理方法处理锂离子电池(填埋、焚烧、堆肥等),电池中的钴、镍、锂、锰等金属,以及各类有机、无机化合物将造成金属污染、有机物污染、粉尘污染、酸碱污染。锂离子电解质机器转化物,如 $LiPF_6$、六氟合砷酸锂($LiAsF_6$)、三氟甲磺酸锂($LiCF_3SO_3$)、氢氟酸(HF)等,溶剂和水解产物如乙二醇二甲醚(DME)、甲醇、甲酸等都是有毒物质。因此,废锂离子电池需要经过回收处理,减少对自然环境和人类身体健康的危害。

废锂离子电池的回收处理过程主要包括预处理、二次处理和深度处理。由于废电池中仍残留部分电量,所以预处理过程包括深度放电过程、破碎、物理分选。二次处理的目的在于实现正负极活性材料与基底的完全分离,常用热处理法、有机溶剂溶解法、碱液溶解法以及电解法等来实现二者的完全分离。深度处理主要包括浸出和分离提纯两个过程,提取出有价值的金属材料。按提取工艺分类,电池的回收方法主要可分为干法回收、湿法回收和生物回收 3 大类技术。

同样的,在处理锂电池的时候,残留物必须分类后进行焚烧或填埋。图 2.31 为废锂离子电池的回收工艺流程。

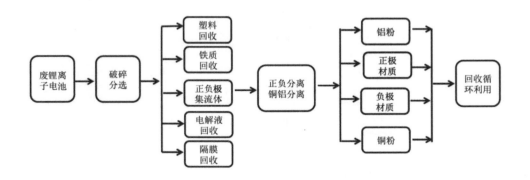

▶ 图 2.31　废锂离子电池的回收工艺流程

2.7 废橡胶的妙用

　　废橡胶制品是除废塑料外居第二位的废聚合物材料，它主要来源于废轮胎、胶管、胶带、胶鞋、垫板等工业制品，其中以废轮胎的数量最多，此外还有橡胶生产过程中产生的边角料。大量废轮胎的堆积，不仅造成资源的浪费，而且极容易引起火灾。轮胎不完全燃烧会放出烃类化合物和有毒气体，其火焰很难扑灭。更为严重的问题是废橡胶带来了对空气、水、土壤等人类生存环境的污染。由于废橡胶属于热固性的聚合物材料，很难发生降解，而且回收利用成本较高，技术难度大。因此，过去英、美等国一直把它们看成废物，只考虑如何处理干净。但进入 21 世纪以后，随着科技的发展，人们把废橡胶称为新型黑色黄金，国内外对其进行了大量的研究。将废橡胶研碎制成硫化胶粉，硫化脱硫制成再生胶，是废橡胶循环利用的主要途径，其中制成胶粉利用最具研究价值。图 2.32 为堆积如山的废橡胶轮胎。

▶ 图 2.32　堆积如山的废橡胶轮胎

我国是世界上最大的橡胶消费国，橡胶消费量已连续 7 年居世界第一位；我国也是橡胶资源十分匮乏的国家，75％以上的天然橡胶依赖进口；我国还是世界上最大的废橡胶生产国之一，废橡胶制品环境污染问题不容忽视。随着橡胶工业的快速发展，废橡胶的产量每年都在大幅度增长，废橡胶的利用形势将更加严峻。因此，正确处理和利用废橡胶是推进我国橡胶工业科学发展的必然选择。图 2.33 为橡胶树。

▶ 图 2.33　橡胶树

废橡胶利用是将废弃的轮胎、管带、工业橡胶制品、胶鞋以及橡胶厂废料等，经过回收、加工，并进行利用的产业。废橡胶利用产业已经包括各种废橡胶产品的回收和加工、轮胎翻修、再生胶和胶粉制造等，涉及物资回收和橡胶加工等领域。废橡胶利用产业关系到橡胶加工产业的继续发展，也是环保产业的重要组成部分。

废橡胶的回收利用主要有两种方法：通过机械方法将废轮胎粉碎或研磨成微粒，即所谓的胶粒和胶粉；通过脱硫技术破坏硫化胶化学网状结构制成再生橡胶（见图 2.34 ）。

▶ 图 2.34　再生橡胶

在橡胶回收再利用的过程中会有极少部分不能循环使用的部分，这些物质通常会被用来焚烧发电。

2.8 甘蔗渣变身环保材料

甘蔗生长周期短，一年一熟，产量丰富（见图 2.35）。甘蔗渣含有丰富的纤维分、灰分少、不含 SO_2，是一种清洁、优质、可持续发展的生物质能源。

▶ 图 2.35　甘蔗林（漫画版）

国内甘蔗渣的主要用途有以下几种。

1）作为锅炉燃料燃烧发电

甘蔗渣传统的处理方法主要是作为锅炉燃料燃烧为制糖生产提供能源。在国内制糖生产中，制糖耗标煤对蔗比下降到 5% 时，制糖生产消耗的蔗渣量为总蔗渣量的 65% ～ 70%。

2）甘蔗渣制浆和造纸

该途径是我国甘蔗制糖企业目前份额最大的利用途径（见图 2.36）。如云南临沧 9.5 万吨蔗渣浆纸项目、广西农垦糖业集团年产 20 万吨文化用纸项目、贵糖（集团）股份有限公司蔗渣制浆扩至 20 万吨项目、来宾东糖集团有公司 10 万吨制浆造纸项目、广西东亚糖业集团 10 万吨制浆造纸项目等，都是将集团内部剩余的甘蔗渣集中起来生产生活用纸、新闻纸等，取得了良好的经济效益和社会效益。

▶ 图 2.36　甘蔗渣造纸

3）生产人造板

甘蔗渣的化学成分与木材相似，是很好的制板原料（见图 2.37）。1982年广州甘蔗糖业研究所陈景形、池风昭等成功开发了利用热压技术制造蔗渣碎粒板的生产线，广东、广西等省区已有多家糖厂建立了蔗渣碎粒板的生产线。蔗渣板主要应用于家具、建筑模板、包装箱、音箱等产品。

▶ 图 2.37　蔗渣板

4）家庭产生的甘蔗渣，用于养花（见图 2.38）

甘蔗渣不能直接用来养花，因为甘蔗渣中含有大量的糖分，其分解时会释放出大量的热，导致植株被烧根。

▶ 图 2.38　甘蔗渣

甘蔗渣养花要腐熟，甘蔗渣腐熟的操作不难，但就是耗费的时间比较长，可能需要半年左右。先将甘蔗渣打碎，让它成为碎末状。然后将甘蔗渣与园土按照 1 ：1 的比例混合均匀，如果有其他果皮菜叶的话也可以加入其中。图 2.39 为甘蔗渣腐熟后。

▶ 图 2.39　甘蔗渣腐熟后

将甘蔗土放在一个能够密封的容器中，加水并密封好，最好是夏天进行腐熟，这样速度快一些，等到甘蔗渣变成灰黑色差不多就腐熟完毕，之后就可以用来养花了。

2.9 大件垃圾如何变废为宝

房子住久了，总有些旧床垫、破沙发、老衣柜这些大件废旧家具（见图 2.40），该扔哪儿难住了不少人。由于大件垃圾体积大、分量重，废品无人收、送人无人要、丢弃无人知，环卫部门也难以处置，乱扔乱丢现象严重。它们常常被丢弃在河道、绿化带、闲置空地，成为遗留卫生死角，形成破窗效应。

▶ 图 2.40 大件废旧家具

截至 2019 年，国内多个城市建设了大型垃圾处理线，以往一个席梦思需要 5 ～ 6 名工人手工分解，用时需半小时，如今通过大件垃圾处理线仅需 1 ～ 2 分钟便可分解完成（见图 2.41）。

大件垃圾破碎线主要由传送系统、破碎系统、除铁系统、除尘系统等组成。只需把席梦思、沙发等大件垃圾放在运送带上，经过破碎系统即可很快被分解成废料和废铁等，实现大件垃圾高效、安全的减量化处理。

大件垃圾分拣、粉碎产生的垃圾中，金属、针织物、塑料和木料将分别进入各自的回收利用渠道。其中金属将重新进行冶炼再利用，针织物将加工成再生棉、木料和塑料加工成为再生木材和塑料。粉碎打磨后的物料则进入垃圾焚烧厂成为燃料。

▶ 图 2.41　大件垃圾处理厂

2.10 装修垃圾的妙用

　　装修垃圾和普通的生活垃圾是不同的，装修垃圾不可以和普通的生活垃圾混合投放。此外，装修垃圾也应当进行分类，按照木质类、砖石混凝土类、涂料桶等分类进行袋装或捆绑堆放。需要统一堆放到物业指定的装修垃圾集中堆放处（见图 2.42）。

▶ 图 2.42　装修垃圾

　　回收后的装修垃圾，通过机器分拣处理，可以生产出不同的原料，例如大颗粒集料、小颗粒集料、粉末集料和塑料颗粒。将集料和混凝土进行混合后就能生产出再生砖，塑料颗粒和适量的木材混合可以制成木塑板。图 2.43 为装修垃圾移动式筛分站。

▶ 图 2.43　装修垃圾移动式筛分站

2.11 电子废物的再生循环

进入 21 世纪，世界电子废物数量每 5 年便增加 16% ~ 28%，已经成为世界上增长最快的垃圾，难以处理。我国 2018 年报废的主要电器数量达 2 亿台，总重量达 500 万吨，已成为世界上最主要的电子废物产生国之一。如何对如此巨量的电子废物进行科学有效的回收处理，使其中的金属、贵金属等有用资源得到再生循环利用，有害有毒物质得到无害、无毒化处理，是我国落实创新、协调、绿色、开放、共享新发展理念，推动形成绿色发展方式的一项重要课题。图 2.44 为废弃的旧电脑。

▶ 图 2.44　电子废物——旧电脑

传统的废弃电器电子产品处理方式多为手工拆解，采用火烤、酸洗、露天焚烧等方法提炼贵金属，而残留物质被直接丢弃到田间和河流。电子废物中含有较多有害物质。电子垃圾拆解和处置，特别是不规范的违法倾倒、露天焚烧和随意处置残余塑料等，会产生大量持久性有机污染物（POPs）和持久性有毒化学污染物（PTS），如二噁英类、溴代阻燃剂、重金属等，不仅对空气、土壤和水环境造成严重污染，也会给人类健康带来危害（见图2.45）。

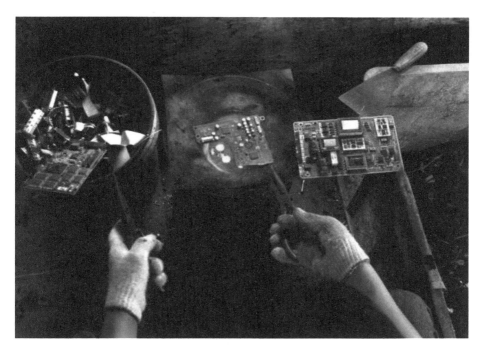

▶ 图2.45　不规范的电子垃圾拆解和处置

　　如果说"垃圾是放错了地方的资源"，废弃电器电子产品就是一座"金山银山"。通常开采1吨金砂能提炼出5克黄金，而每吨废旧计算机销毁后的细粉中含金量是660克。电子废物是"特殊垃圾"，具有污染性和资源性的双重属性。电子废弃物含有金、银、铂、钯等稀贵金属，铜、铝、锌、铁等基本金属，塑料等高分子材料及玻璃等各类资源。这些资源大多可以再生利用，再利用过程所需的成本和对环境的影响也比从矿产资源中提炼更小，社会效益、经济效益和环境效益更好。图2.46为提炼后的金属。

▶ 图 2.46　提炼后的金属

　　正规的有废弃电器电子产品拆解处理资质的企业（以下简称"处理企业"）可规范处理电子垃圾（见图 2.47）。

▶ 图 2.47　电子废物处理厂

　　处理企业的收入主要来自拆解物销售收入和基金补贴，其中基金补贴是企业最重要的收入来源。同时，处理企业的运营门槛非常高。拆解一台 CRT

电视机，从物料准备到拆除电源线、后壳、电路板、喇叭、偏转线圈、前壳，再到屏锥分离，收集荧光粉等工序繁多，人工成本很大。同时，回收废弃电器电子产品需要支付给居民或回收商费用，拆解下来的危险废物还需要付费给有危险废物经营资质的企业进行回收利用。因此这类企业的资金周转量需求非常大，环境管理要求也很高，只有规模化的专业公司才能生存，小企业难以为继。

2.12 废灯管去哪了

有害垃圾是对人体健康或者自然环境造成直接损害或者有潜在危害的零星废物，主要包括废电池、废灯管、废药品、废涂料桶等。由于对人体和环境的破坏作用，有害垃圾必须在经过分拣和存储后，由专业的危废处理企业进行无害化处理。现在，我们来追踪一下有害垃圾之一——废灯管的处理手段。图 2.48 为回收的废灯管。

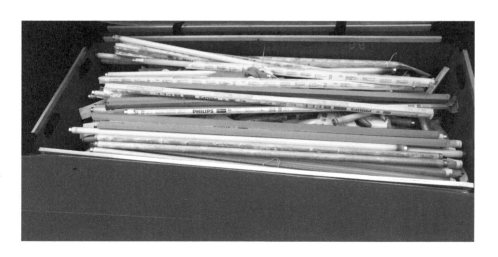

▶ 图 2.48　回收的废灯管

日光灯，也称荧光灯，主要是利用紫外线照射荧光粉来发光。其基本部件主要有灯管、镇流器和启辉器等（见图2.49）。其中水银，即汞元素，是日光灯制造中不可或缺的成分。这是因为水银不仅可以提高荧光灯的发光效率，还能延长其使用寿命。由于目前还未研发出具有相同性能的产品，这使得水银仍具有不可替代的地位。科学家和研究人员正在努力寻找替代解决方案，但是在新的方案出来之前，水银将继续在荧光灯界占有绝对霸主地位。

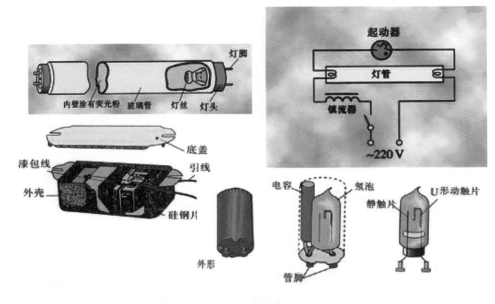

▶ 图2.49 日光灯结构及原理

一般日常使用的照明光源，当其效率降低或出现故障后，即会产生废灯管。我国2018年产生的废汞灯和荧光灯管达10多万吨。由于这些固体废料中的金属汞及其他物质难以进行有效回收和处理，造成对地表水和土壤的严重污染侵蚀。据调查显示，一只含有5毫克汞的灯管若处置不当会对50多吨的地表水造成污染。再加上汞对人体也会产生较大威胁，废灯管的处理问题已日渐突出。

针对废灯管的主要处理方式有填埋和回收利用两种途径（见图2.50）。

▶ 图2.50　废灯管的处理方法

　　回收利用工艺有干法和湿法两种。其中湿法工艺在2019年仍多处于研究阶段，虽然已经有人设计并研制出了较为完备的无害化湿法处理系统，但其仍未成为主流的废灯管处理技术。干法处理工艺在国外得到了多年的研究探索，已经形成了一套较为完善成熟的工艺流程。该方法也逐渐被我国各地引用，形成了各具特色的处理模式。该方法主要有直接破碎分离和切端吹扫分离两种工艺。

　　经过回收工艺处理后的废灯管可回收约90%玻璃以及铜铝料、荧光粉等物质（见图2.51）。其中玻璃、铜铝料等都是可循环再利用的物料或可当作添加物使用。

玻璃　　　　　铝　　　　　汞

▶ 图2.51　回收后的物质

在我们丢弃废旧灯管时，也要注意尽量避免灯管破损，完好的灯管可置于坚固的储存容器内。而对于已经破损的废灯管，为了避免玻璃刺伤或者荧光粉、汞蒸气等有害物质外泄造成污染，可用厚纸及塑料袋将其妥善包装后再丢弃。

2.13 过期药品怎么办

很多家庭都会有个小药箱，在家里备些常备药，也都会有药品过期的问题，不少人将这些药品扔进了垃圾箱。

事实上，这种行为造成的污染并不亚于乱扔废电池。地下水在循环过程中，沿途挟带的各种有害物质由于水的稀释扩散，降低浓度而无害化，这是水的自净作用。但仅有极少量药物成分会在这个过程中自我分解或者降低浓度，多数药物溶解后是无法被净化的。尤其是西药，大部分都是提纯复合物，失效后经过填埋、发酵，有可能产生致癌物。这些物质会渗透到地下水中，极易造成巨大危害（见图2.52）。

▶ 图2.52 过期药品

过期药品存在有效性和安全性问题，不但疗效降低达不到治疗效果，还会因为变质而分解产生新的物质，对人体造成危害（见图2.53）。如不慎服用过期药物，建议大量饮水，加速药物排泄。同时咨询医生，如有不适应尽快就医。

▶ 图2.53　过期药品的危害

处理家庭过期药品比较合理的做法是投放到药店专门的回收站（见图2.54），然后由监管部门统一处理。但截至2019年，大多数城市的药品回收站数量有限，因此，人们只能把过期的药品自行处理。据调查，大多数人会把家里的过期药扔进平时的生活垃圾里，但很多人因为担心完整的药品会被不当回收再利用，就把包装拆掉，然后把药片碾成粉，就直接倒掉。其实这样对环境是有一定污染的，尤其碾碎的药物如果是抗生素的话，更容易造成污染。建议过期药品连同整包装一起扔在有害垃圾桶里。

▶ 图 2.54　过期药品回收箱

　　过期药品已被明确列入《国家危险废弃物目录》，属于"废药物、药品"一项，即那些生产、销售及使用过程中产生的失效、变质、过期、不合格、淘汰、伪劣药品。过期药品需要进行科学回收，应交由药品监督部门，在其监督和帮助下进行销毁。

第 3 章

走进国内
垃圾处理

3.1 国内生活垃圾处理概述

（1）城乡一体化脚步加快 生活垃圾清运量逐年上升

随着人口增长以及城乡一体化脚步的加快，城镇人口越来越集中，生活习惯和环境均有了较大的改变，而伴随而来的还有越积越多的生活垃圾，生活垃圾处理成为和我们生活息息相关的事情。根据中国住建部 2018 年发布的《中国城市建设统计年鉴》数据显示，2010 年以来，我国生活垃圾清运量逐年上升，2016 年超过 2 亿吨，达到 2.04 亿吨，同比增长 6.81%；2017年达到约 2.16 万吨，同比增长 5.82%。

（2）餐厨垃圾体量占比最大但发电量占比较小

和发达国家相比，我国生活垃圾有餐厨垃圾占比较高、平均热值较低的特点，截至 2019 年我国生活垃圾中餐厨垃圾占比达到 59.3%，接近 60%。我国城市每年产生餐厨垃圾不低于 6000 万吨，年均增速预计达 10% 以上，而随着民众生活水平的提升以及餐饮结构与数量的改变，这个比重还将进一步上升。占比排名第二的为塑料垃圾，这些塑料垃圾主要来自包装用的塑料袋，其占比为12.1%。纸类垃圾也占较高的比重，约为 9.1%。其余垃圾占比较小。图 3.1 为一般的餐厨垃圾。

值得注意的是，虽然餐厨垃圾在生活垃圾中占比非常

▶ 图 3.1 一般的餐厨垃圾

高，但由于热值较低，其单位质量垃圾发电量占比仅为 10.8%。生活垃圾中热值较高的为塑料、纸类和织物等，尤其是塑料，在生活垃圾中质量占比仅为 12.1%，然而贡献了发电量的 52.3%。因此，垃圾种类繁多，回收利用效用不对等，垃圾分类就变得异常重要。我国有部分城市 2015 年之后开始了垃圾分类，实行干湿分离。餐厨垃圾的分类收集将减少生活垃圾中餐厨垃圾的占比，生活垃圾的发电量有望提高，图 3.2 为生活垃圾焚烧发电厂。

▶ 图 3.2　生活垃圾焚烧发电厂

（3）2018 年垃圾处理方式以填埋为主 未来焚烧处理将成为主流方式

我国生活垃圾处理方式有填埋、焚烧、堆肥等方式，目前仍以填埋为主。根据住建部 2018 年发布的《中国城市建设统计年鉴》中不同垃圾处理方式处理的生活垃圾量来看，填埋占据了我国生活垃圾处理的大部分；其次是焚烧处理，超过 30%。图 3.3 为某垃圾填埋场。

但是，填埋虽是我国生活垃圾处理的主要方式，其仍然存在诸多问题，且不能可持续发展。根据国务院发布的《"十三五"生态环境保护规划》，至 2020 年，生活垃圾焚烧处理率要达到 40%。在生活垃圾清运量稳步上升且垃圾焚烧受政策扶持的背景下，垃圾焚烧发电技术逐渐成为我国垃圾处理的主流方式，先进企业纷纷通过并购延伸产业链、抢占市场份额并进入细分领域，这将是我国未来垃圾处理发展的趋势和方向。

▶ 图 3.3　某垃圾填埋场

3.2 上海——老港湿垃圾项目

2019 年上海出台了一套关于生活垃圾分类和回收的法规，并宣布该法规于 7 月 1 日起实施。该规定禁止上海党和政府机构使用一次性杯子、酒店提供的一次性日用品以及餐馆和食品配送服务的一次性餐具，除非客户要求。不遵守规定的酒店和餐馆可被罚款 500 ～ 5000 元。未能对垃圾进行分类的居民可被处以 50 ～ 200 元的罚款。

其实，对于每一位住在上海的居民而言，应该关注的是：前期如何开始进行生活垃圾分类，后端才好有效处理垃圾。前期垃圾分类有利于提高垃圾资源回收率。

在上海生活垃圾"全程分类"体系中，末端处置设施建设相对滞后。其中处理湿垃圾，如易腐性的菜叶、果壳、食物残渣等有机废物，面临较大挑战。图 3.4 为上海老港固体废弃物综合利用基地（后简称"老港固废基地"）。

▶ 图 3.4　上海老港固废基地

　　上海约 70% 的垃圾处理都在老港固废基地。但基地处理垃圾的速度远远赶不上垃圾产生的速度。据报道，上海市重大工程、上海规模最大的湿垃圾资源化处理项目——老港湿垃圾项目（见图 3.5），将在 2020 年年底投产。预计每日处理湿垃圾达 1000 吨。

▶ 图 3.5　老港湿垃圾项目

湿垃圾资源化处理项目，和普通居民有什么关系？

负责老港湿垃圾项目设计的上海市政总院项目负责人说："经过成熟厌氧工艺，湿垃圾可以'变废为宝'，生成沼气和发电，实现无害化和资源回收利用。"

项目建成后，黄浦区、徐汇区、长宁区、杨浦区、虹口区和静安区等中心城区居民的湿垃圾，都将运至老港湿垃圾一期项目进行处理。根据设计方案，老港湿垃圾一期项目每天可以"吃掉"400吨餐饮垃圾、600吨厨余垃圾。

餐饮垃圾、厨余垃圾由于含水率不同，将"定制"不同的工艺来处理。虽然工艺不同，但湿垃圾均在密闭条件下进行厌氧发酵处理，有机物降解能达到70%。降解之后，湿垃圾变废为宝，厌氧日产5万立方米沼气，沼气可以实现供热、发电上网。处理后的沼渣干化后送往老港固废基地的能源中心进一步焚烧发电，最大限度达到资源回收利用（见图3.6）。

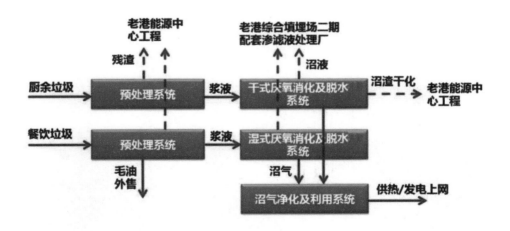

▶ 图3.6 湿垃圾利用

老港固废基地正在打造"世界级生态固废产业园与环保主题公园"，所以湿垃圾一期项目将作为一个花园式工厂。不仅会有休闲设施、艺术小品，还有生态湖、绿色植物等。运用"海绵城市"理念，构建系统的雨水吸纳、蓄渗和缓释设施，控制雨水径流，自然积存、自然渗透、自然净化。

为了尽可能减少异味，卸料间内采用双道门封闭及微负压控制、防止臭气外逸，除臭药剂自动调节投入量，异味去除率达到 95% ~ 99%。预处理车间全流程采用智能一体化破碎、筛分、磁选预处理工艺，避免人工接触湿垃圾。

老港湿垃圾一期项目建成后，以"焚烧 + 填埋"传统组合为主的老港固废基地，将采取"焚烧 + 填埋 + 生化法"多元组合的垃圾处理方式，实现基地内各处理设施间的资源共享，有效实现节能减排。

3.3 固原——循环经济产业园

为了达到实现固体废物资源化利用，走可持续发展之路，发展循环经济增长模式的目标，2017 年 4 月 20 日，固原市人民政府通过招商引资的方式，与中国天楹股份有限公司签订了《固原市循环经济产业园及环卫一体化项目合作协议》。

该项目的主要目的是进一步推进固原市城市生活垃圾、建筑垃圾、餐厨垃圾、污泥处置、垃圾分类收运环卫一体化等固体废物的综合治理工作，在保护、改善城市生态环境的基础上，实现固体废物资源化利用，走可持续发展之路，发展循环经济增长模式。图 3.7 为固原循环经济产业园概念图。

中国天楹致力于打造城市环境综合服务体系，范围涵盖生活垃圾整个生命周期。中国天楹已经在国内外建设了多个世界顶尖固废综合处置园区，构建符合当地特色及政府要求的固废全代谢链，园区污染和碳排近零排放。已完成项目中的建筑极具可参观性，是国际顶尖的多种固废可持续处置中心，末端处置可延伸约 21 种产业，范围几乎涵盖生活垃圾所有类别，将环境危害降至最低。图 3.8 为固原不同的城市废物处理流程。

▶ 图 3.7　固原循环经济产业园概念图

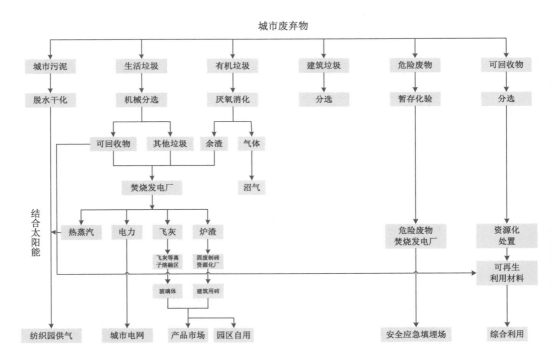

▶ 图 3.8　固原不同的城市废物处理流程

本次固原项目中，焚烧发电选择了世界领先的焚烧炉技术，该技术由中国天楹引进比利时的 Waterleau 炉排炉技术（见图 3.9），在国内技术消化吸收自主生产制造炉排炉，该机械炉排炉是在国内外有过良好运行经验的焚烧炉技术。

▶ 图 3.9　炉排炉

为了最大限度地资源化利用，本次项目中的餐厨废物处理系统主要包括前处理系统、厌氧发酵产沼系统、沼气净化发电系统、油脂粗加工系统（见图 3.10）。

固原循环经济产业园作为当前全国最大生活垃圾处理循环经济产业园之一，正以循环经济产业闭环破解"垃圾围城"，以现代城市新景观化改"邻避"为"邻利"，成为垃圾处理典范。

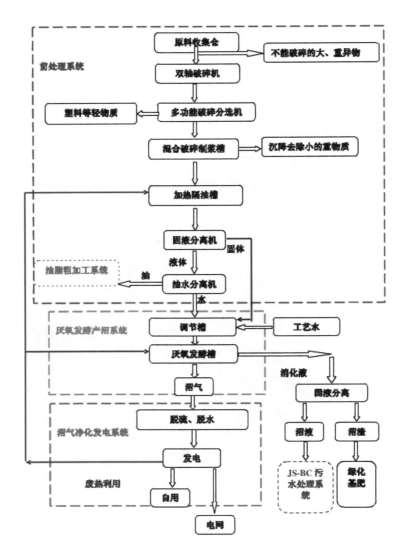

▶ 图 3.10　餐厨垃圾处理流程

3.4 厦门——废弃包装材料回收再生利用

随着国民经济的发展，人们对牛奶、果汁等软饮料的需求量越来越大，因此市场对复合软包装材料的需求量也越来越大。复合软包装材料基本上属于一次性包材，人们使用后废弃的复合软包装材料也越来越多。2018 年中国年使用复合软包装材料达 1500 万～ 2000 万吨。如此大的使用量，废弃后却大多混在生活垃圾中被丢弃，导致回收再利用率很低。废弃后，一方面，造成了巨大的资源浪费；另一方面，里面的剩余液体容易滋生细菌，造成环境污染与疾病传染，破坏城市面貌。如果能够将其回收再生利用，变废为宝，将产生巨大的经济价值和社会效益。图 3.11 为厦门实施垃圾分类回收后的某处无废弃包装物污染的海滩。

▶ 图 3.11　厦门某处海滩

因此，国家发改委印发的《循环发展引领行动》指出，到 2020 年，主要资源产出率比 2015 年提高 15%，主要废物循环利用率达到 54.6% 左右。资源循环利用产业产值达到 3 万亿元。中共中央、国务院《生态文明体制改革总体方案》要求完善资源循环利用制度。2016 年 12 月，国务院办公厅《生产者责任延伸制度推行方案》（国办发〔2016〕99 号）提出了实行生产者责任延伸制度，推动生产者落实废弃产品回收处理等责任。制定再生资源回收目录，对复合包装物等低值废物实行强制回收。建立资源再生产品和原料推广使用制度，相关原材料消耗企业要使用一定比例的资源再生产品。

因此，复合软包装材料的回收再生利用既能循环利用资源创造价值，又能保护环境。

厦门的一家环保企业搭建了一个 R4B（Recycle Ecosystem for Business）废弃资源回收再生应用服务平台，主要回收牛奶盒、饮料杯、咖啡袋等废弃包装材料，建成了自动化的纸塑分离、铝塑分离、造粒、废水回用等系统，年处理废弃包装材料量 10.5 万吨，生产再生塑料、再生纸浆、再生铝屑及木塑产品等。现有员工 200 余名，占地 130 多亩，建筑面积 7 万多平方米。2016 年，该企业成为工信部第一批废塑料加工利用行业规范企业和福建省"十二五"第一批循环经济示范企业。

"R4B（Recycle Ecosystem for Business）废弃资源回收"再生应用平台（见图 3.12）由 5 个技术支持体系组成：一是交投服务体系，建立互联网、微信、电话以及 B 端商铺回收网点的综合交投服务体系；二是回收逆向物流体系，建立层级合理、规模适当、需求匹配、安全环保的逆向物流仓储配送网络；三是监控追踪体系，实现合作商户交投、网点回收、物流中心仓储分拣、处置商处置等全程监控追踪；四是信息服务体系，包括回收网点管理系统、网上废物交投管理系统、积分服务系统、处置商管理系统等；五是统计分析决策体系，为规范管理制度提供决策分析。

R4B 废弃资源回收平台开创了国内领先的再生资源回收新模式，建立废弃资源回收—处理—再生利用的完整产业链闭环，通过"商铺 + 逆向物流回收 + 再生加工利用"的全循环回收服务体系，充分实现再生资源回收的可持续性。

该企业回收回来的利乐包、咖啡杯、塑料袋等废弃包装材料为多层复合结构，主要包括铝塑复合、纸铝塑复合以及纸塑复合三类，包括各种基材、黏合剂、溶剂和油墨等。其中利乐包居多，由纸板、聚乙烯塑料和铝箔等六层材料复合而成，其中纸类占 73%、塑料占 20%、铝占 5%、印刷油墨和涂料占 2%。这些废弃包装材料被运送到再生利用基地，进行再生利用，通过纸塑分离、铝塑分离、造粒、废水回用等处理工艺，获得再生纸浆、再生铝屑和再生塑料颗粒。

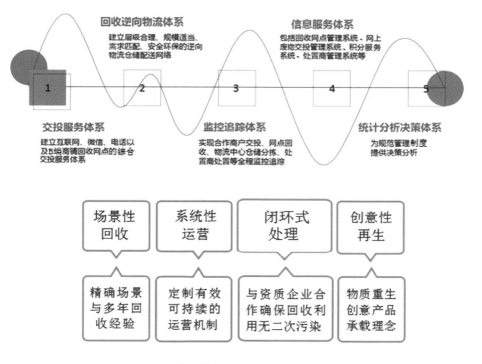

▶ 图 3.12　R4B 平台

（1）纸塑分离，提取再生纸浆

纸塑分离的核心技术包括破浆精选和洗涤浓缩两个模块，设计了独有的转鼓式水力碎浆机，采用连续式的进出料方式，利用产品自身重量进行水力碎浆，严格控制设备剪切力，保障再生纸浆的原有品质；分离出来的纸浆进入下一道洗浆压缩模块，通过对纸浆的去粗提纯、清洗压缩挤干等工序将纸浆高效回收；本技术还通过连续式的重力浮选和"微气泡"浮选共同作用，来实现废旧碎渣的分选,提高塑料碎膜的回收利用率。去除纸浆后剩下的铝塑膜将输送至铝塑分离工艺系统(见图3.13)。

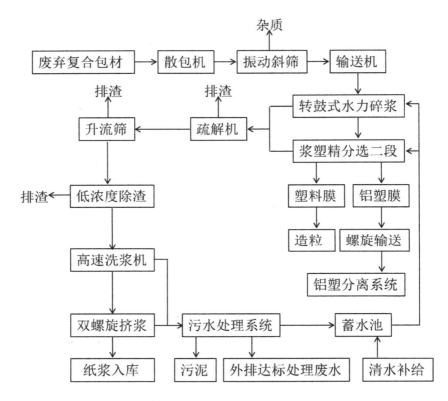

▶ 图 3.13　复合包材利用

(2)铝塑分离,获得再生铝屑和塑料膜

铝塑分离的核心技术包括料膜药泡、料膜清洗及挤干分选,铝塑膜在独特的反应器中在自主研发出的渗透软化剂和缓蚀剂的作用下,发生化学反应生成铝盐,再经三道清洗设备对料膜进行清洗,通过机械外力使铝箔与塑料膜分离,并经进一步分选得到较纯净的铝屑,清洗后的塑料薄膜进入下一道再生利用系统(见图3.14)。

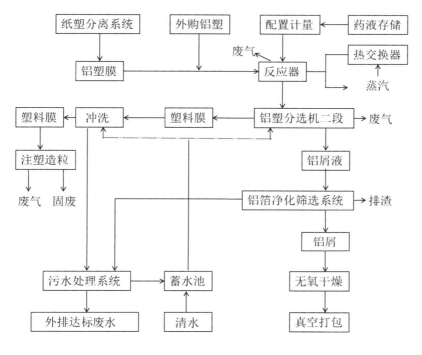

▶ 图 3.14　铝塑分离

（3）塑料膜造粒，获得再生塑料颗粒

造粒的核心技术是将塑料膜采用喂料螺杆进行预压缩，将物料压实，再送入造粒机进行造粒，然后再用可调高温熔融挤出设备将熔融后的塑料挤压成条状半成品，最后自动切粒进行收集（见图 3.15）。

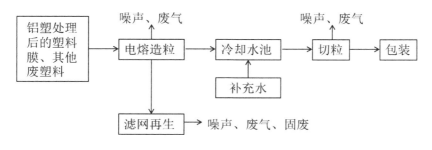

▶ 图 3.15　塑料膜处理

（4）生产废水治理回用，避免二次污染

生产废水的治理回用采用了"分流分治＋分级处理＋以废治废"的理念，通过分析废水中 Al^{3+} 在溶液中形成多核物种的化学规律，控制不同工段废水混合调节 pH 值，产生 $Al(OH)_3$ 絮凝"胶团"沉淀，经专用絮凝剂（PAM）沉淀过滤，各项参数的针对性调整。实施了高回用率污水处理方案，经过均质、沉淀、气浮、中和、厌氧、兼氧、好氧等工艺处理，96.5% 回用于生产，其余与生活废水一同在达标后排放（见图 3.16）。

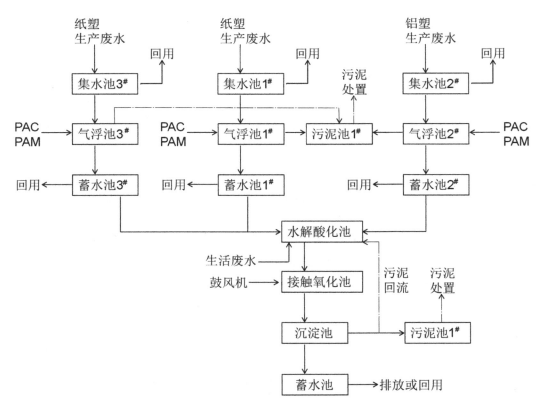

▶ 图 3.16　废水回用

该企业在上端建立回收网络，中端联合物流体系，下端对接利废企业，充分利用线上工具互联网技术服务于再生资源行业，深度整合线下资源，以点带面，联合环保资源，区域化精细运作，大范围地带动商户参与到环保回收活动当中，改善再生资源回收体系，形成商户／消费者、企业、处理中心、加工利用企业、政府五位一体的共生共赢模式（见图 3.17）。

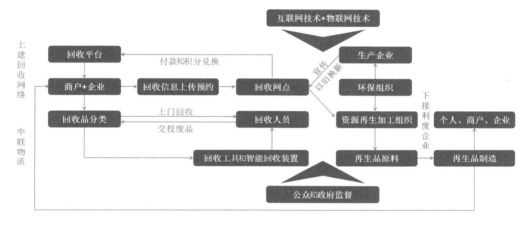

上建回收网络 　中联物流

▶ 图 3.17 运营模式

公司的产品包括再生塑料颗粒、再生纸浆、再生铝屑及木塑产品，主要直接销售给下游的产品生产厂商，再生塑料颗粒主要销售给发泡材料、塑料、改性塑料、管材、通信材料、汽车配件等塑料制品生产企业；再生纸浆销售给擦手纸、墙纸、薄页纸、拷贝纸、包装纸等纸制品生产企业；再生铝屑主要销售给加气混凝砖生产企业；生态木塑产品，广泛应用于户外休闲栈道、桌椅、建筑外墙装饰等（见图 3.18）。

再生塑料颗粒（1）　　再生塑料颗粒（2）　　　再生塑料颗粒（3）

▶ 图 3.18

再生纸浆（白长纤）

再生纸浆（本色）

再生纸浆（中色）

再生铝屑

木塑（1）

木塑（2）

木塑应用场景（1）

木塑应用场景（2）

木塑应用场景（3）

▶ 图 3.18　再生材料

3.5 南通——建筑垃圾处理新模式

随着社会经济快速发展，城市建设中产生的建筑垃圾越来越多。那么，建筑垃圾都去哪儿了呢？南通市开启建筑垃圾高效处理新模式啦，听说此次垃圾处理还运用了"黑科技"，让我们来一探究竟吧！

南通市陈桥固废循环产业园分五大块（见图3.19），包括建筑垃圾调配场项目、建筑垃圾综合利用项目、餐厨废弃物综合利用项目、生物质处理中心项目、可回收物分拣中心项目。由南通天楹建筑可再生资源有限公司负责运营，项目融入信息化、自动化等创新元素，促进垃圾分类提质增效，实现垃圾减量，为南通建筑垃圾再利用注入了绿色动能。

▶ 图 3.19　产业园规划

　　建筑垃圾处理项目（即建筑垃圾调配场和综合利用 2 个项目）占地 100
亩（1 亩 ≈ 666.7 平方米，下同），建筑面积 3.55 万平方米，项目设计年处
理量为 100 万吨，装修垃圾分拣主要分为初拣、筛分。总体上，建筑垃圾可
利用率为 80% ~ 90%，装修垃圾可利用率为 20% ~ 30%（见图 3.20）。

▶ 图 3.20

▶ 图 3.20　装修垃圾处理项目现场

　　建筑垃圾处理产品主要为细料和粗料，细料可以做成各种规格的水泥砖，粗料可以做建筑材料，做城市非主干道路、人行道路的路面垫层。图 3.21 为建筑垃圾处理厂内部。

▶ 图 3.21　建筑垃圾处理厂内部

图 3.22 为不同种类的建筑垃圾再生产品。

▶ 图 3.22 不同种类的建筑垃圾再生产品

处理线全程配备纳米级干雾抑尘系统，能有效控制扬尘，实现绿色环保生产。

再生原材料经过破碎、除杂后，即可重新广泛应用于城市基础建设和再生建材的生产，如道路基层的铺设、再生砖的生产等，让建筑垃圾变废为宝（图 3.23）。

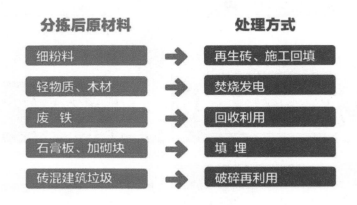

▶ 图 3.23　原材料处理方式

第 4 章

聚焦国外垃圾处理

4.1 国外生活垃圾处理概述

国外生活垃圾处理中，卫生填埋是常见的垃圾处理技术，如英国填埋率高达90%，而垃圾焚烧只是在某些国家占的比重比较大，如日本的垃圾焚烧率为72%。除此之外，国外大学里研究较多的是高温堆肥技术，随着绿色浪潮和生态农业的兴起，堆肥化比率正呈上升趋势。欧美国家和日本一般采用机械化堆肥，而印度因为当地气候炎热，人工制作堆肥比较常见。

（1）市场主导型

以美国和德国为代表，生活垃圾作为一种经济被纳入商业运作中，生活垃圾的收集、回收、处理、加工及销售是一个系统的产业，依靠商业模式运作。

1）美国

美国的城市生活垃圾收集，是由专门从事废物收集处理的公司承包运作。这些公司，有的只是负责收集、分类和运输，有的还有自己的垃圾填埋场和堆肥场。美国居民每月要交给市政管理部门垃圾处理费，市政管理部门再与废物处理企业签订合同。2019年，美国城市生活垃圾的处理方法主要有回收、焚烧和填埋。其中，回收占30%、焚烧占14%、填埋占56%。图4.1为美国路边的垃圾桶。

▶ 图 4.1　美国路边的垃圾桶

2）德国

在德国，垃圾已作为一种经济而被纳入商业运作中，绝大多数垃圾的经营由当地政府负责。这种经营模式由当地政府负责垃圾收集，然后对垃圾进行不同处理，处理后的某些物质可重新投入市场，产生经济效益。对于居民区的垃圾则实施一种双轨制的经营。居民区的垃圾由镇、乡负责收集，将这些垃圾运输到公共处理厂和私人处理厂进行分类和处理，并将处理后有用的物质投入市场，使其进入商业运营中。图 4.2 为德国的饮料瓶回收机。

▶ 图 4.2　德国的饮料瓶回收机（漫画版）

（2）政府主导型

以新加坡和日本为代表，在垃圾废物管理和综合治理的实际运作中，政府发挥主导作用。通过严格的废物管理立法和推行先进的垃圾处理理念，鼓励全社会推进生活垃圾减量化和循环再生利用，维护环境安全。

1）新加坡

新加坡注重做好垃圾的收运和处理两个环节。

① 垃圾收运：环境局要求各个负责公共废品回收的部门定期为所有居民小区的每个住户提供免费的再循环塑料环保袋，让居民将可再利用的废品收集起来，并在指定的时间放在家门口，由废品回收站的工作人员每隔2周收集1次；此外，还大力引入先进的垃圾收集方式，以降低环境影响及提升处理效率。

② 垃圾处理：在垃圾处理方面，新加坡还制定和贯彻了两条原则，一是建设足够的垃圾焚烧厂，焚烧所有的可燃垃圾，实现垃圾发电和供热利用；二是建设足够的垃圾填埋场填埋剩余的不可燃垃圾和焚烧残渣。图4.3为新加坡焚烧发电厂内部。

▶ 图4.3　新加坡焚烧发电厂内部

2）日本

日本实行分类处理垃圾，注重垃圾燃烧发电和热能利用。

① 分类处理：日本的《废物处理法》要求对废物进行分类处理。一是以家庭垃圾为主的"一般废物"在各市、町、村内处理，包括市、町、村自己处理和废物处理业者受市、町、村的委托进行处理并完成填埋等最终处置；二是伴随各种产业活动从工厂、事务所等排出的"产业废物"原则上由工厂等机构自行处理。在委托第三方处理时，必须委托给得到都、道、府、县知事认可的处理业者。

② 垃圾发电：日本环境省原则上要求地方自治体将容器包装以外的废塑料作为可燃垃圾处理。东京都23区决定从2008年起对《容器包装回收法》规定对象以外的不适于回收的塑料、橡胶、皮革制品进行焚烧处理，利用热能并进行垃圾发电。图4.4为废塑料回收。

▶ 图4.4 废塑料回收（漫画版）

3）瑞典

随着我国各大城市正式跨入了强制垃圾分类时代，垃圾分类已经受到了全国人民前所未有的关注。就在我们为了垃圾围城忧心忡忡，同时又被垃圾分类的复杂性弄得有点不知所措的时候，北欧的一个国家呈现了截然不同的另一种景象：本国垃圾由于垃圾分类做得太好而已经不够用，需要从国外进口。这个神奇的国度便是瑞典。

瑞典居民每年都要交垃圾处理费。费用以重量计，垃圾越少，费用越低；垃圾分类得越彻底，收费越便宜。混投的话，价格则要翻倍。对于很多人来说，与其望着账单上高额的数字发愁，或被爱管闲事的邻居指指点点，不如老老实实做好分类。此外，垃圾分类也不是完全的义务劳动，也有些许经济回报。图 4.5 为瑞典的分类回收箱。

▶ 图 4.5　瑞典的分类回收箱

4.2 美洲

4.2.1 美国

美国的垃圾处理主要以填埋为主。接近 60% 的生活垃圾都是填埋处理。

同时，美国也是一个适宜垃圾填埋的国家，平地多、山地少，人口又大量集中在东西沿海，中部地区一片无边无际的草原和无人区，填埋选址方便。

美国共有 1908 个垃圾填埋设施，其中包括东北 128 个、南方 668 个、中西部地区 394 个和西部 718 个。

纽约就是用火车每天运送 1.05 万吨居民垃圾到位于遥远的俄亥俄州和南卡罗莱纳州的填埋场，或是运到人口相对稀少的新泽西州进行填埋。图 4.6 为袋装生活垃圾。

▶ 图 4.6 袋装生活垃圾

相比中国越来越高的垃圾填埋成本，美国不缺少廉价的垃圾填埋场。但是，美国的垃圾填埋其实也很粗糙，问题也开始显现，例如影响地下水，进而影响地表水，还有温室气体排放，填埋的时候，垃圾降解会产生大量的二氧化碳和恶臭气体，包括无机的氨气和硫化氢气体，以及部分挥发性有机化合物（如硫醇、硫醚等）、芳香烃、饱和及不饱和烃、含氮化合物（如胺类、吲哚等）、卤代烃、含氧化合物等。

所以美国人从 20 世纪 90 年代开始建设大量的分选分拣回收设施，垃圾的回收率从 1980 年的不到 10% 上升到 2014 年的 34%。但是这些回收的垃坂，仅仅是分拣出来打包并最终送到发展中国家进行末端回收处理。美国每年有 1/3 的垃圾被回收商卖到国外，这其中有 1/2 都出口到了中国。但是随着中国发布政策禁止进口洋垃圾，美国的垃圾末端处理问题也迅速凸显。图 4.7 为美国因处理能力不足而积压的可回收垃圾。

▶ 图 4.7　美国积压的可回收垃圾

4.2.2 阿根廷

在生活垃圾处理方面，有一家公司已经为阿根廷服务了超过五十年。这家公司就是 Urbaser 阿根廷公司，其拥有 3500 名员工，配备 500 台车辆，为全国近 500 万居民提供环卫服务，公司现有阿根廷合同订单总额近 10 亿欧元，合同有效期持续至 2029 年。图 4.8 为 Urbaser 的垃圾收运车。

▶ 图 4.8　Urbaser 的垃圾收运车

　　Urbaser 阿根廷公司拥有一个卫生填埋场（见图 4.9），两个垃圾转运站，均位于南部 Chubut 省的 Virch Valdés 地区，服务人口 25 万，每月垃圾处理量达 4800 吨。

▶ 图 4.9　卫生填埋场

4.3 欧洲

4.3.1 西班牙

　　西班牙的生活垃圾处理世界闻名。在西班牙萨拉戈萨市，有一家城市生活垃圾综合处理厂（见图 4.10），每年可处理 43.5 万吨生活垃圾、1.5 万吨包装废物以及 495 万吨填埋场陈腐垃圾。采用机械分选 + 沼气发电 + 堆肥 + 厌氧发酵的综合性处理工艺处理不同种类的垃圾。

▶ 图 4.10　生活垃圾综合处理厂

　　西班牙马略卡岛综合垃圾处理厂位于西班牙巴利阿里群岛（见图 4.11），每年可以处理 73.2 万吨生活垃圾，生活垃圾通过机械分选后，根据不同种类使用沼气发电、堆肥、厌氧发酵或焚烧发电的工艺进行处理。

▶ 图 4.11　西班牙马略卡岛综合垃圾处理厂

4.3.2 德国

　　在欧洲，德国人口仅次于俄罗斯位列第二，2018 年每个德国人制造约

617 千克生活垃圾，远远高于欧盟人均水平（481 千克）。这么多的垃圾，依靠传统的焚烧或者填埋手段进行处理，显然不适合德国这样一个人口稠密、国土较小的高度工业化国家。为此，德国建立了全世界最成功的垃圾分类回收体系。

2013 年，德国实现了生活垃圾回收率 83%，其中 65% 的垃圾被循环利用，另外 18% 的垃圾通过焚烧回收能源。而近年来，德国的垃圾循环利用率始终保持在 65% 以上，拥有全球最高的废物回收利用率，节省了大量的原料和能源，展示了废物回收利用产业对可持续经济发展的贡献。

在生产和消费过程中，所有生产商和经销商都必须对产品流通过程中产生的垃圾进行严格的预处理并分类，将可回收的垃圾循环再利用，最终将剩余的无法被回收利用的垃圾无害化处理。整个垃圾处理的流程呈现出一个闭合的循环圈。但这个闭合式循环圈若缺乏技术支持，效率将会很低。

20 世纪 90 年代初，德国人就将条形码技术引入垃圾分类管理中，实现了城市综合性区域垃圾分类的精准溯源。位于首都柏林的波茨坦广场是一座集合了商业、办公、住宅的综合型街区，占地面积 68000 平方米，共有 19 栋主体建筑、10 条街道。这里集合了 34 家饭店和咖啡馆、2 个电影院、2 个话剧院和 91 个零售商铺。另有多家大型企业在此办公，如德国联邦铁路、中国工商银行、索尼等。如此众多的垃圾产生主体，其垃圾分类管理工作的难度可想而知。

尽管如此，波茨坦广场全部的垃圾收集、预处理、运输工作均在广场地下 15 米完成，整个广场的地下空间通过管廊连通。各个商家在地下均有专用垃圾房，配有专用钥匙，通过专用电梯、专用通道可到达。垃圾房里的垃圾桶均有专门的条形码，对应地面上的每户商家。商家将产生的垃圾送到垃圾房，欧绿保集团再将垃圾送到地下处理中心，经过扫码、称重、压缩、装箱等一系列环节，完成各商家的垃圾产生量的记录和垃圾预处理工作，再由专用的收运车辆运往末端处理设施。图 4.12 为生活垃圾处理设备。

▶ 图 4.12　生活垃圾处理设备

　　德国不仅前端进行分类回收，后端也有完善的分类处理系统。据统计，2019 年德国共有 15586 座垃圾处理设施，其中包括 1049 个垃圾分选厂、167 个焚烧厂、705 个垃圾能源发电厂、58 个机械 – 生物处理厂（MBT 厂）、2462 个生物处理厂、2172 个建筑垃圾处理厂。图 4.13 为某垃圾分选厂。

▶ 图 4.13　某垃圾分选厂

德国已经建立起了完整的垃圾处理产业体系，从业人员超过 25 万，涵盖工程师、工人、公务员等不同职业。在法律支持下，德国建立了"双向回收系统"。

该系统"一收一送"：一方面由制造商、包装商、分销商和垃圾回收部门多方投资成立专业回收中介公司，建立起统一的回收系统；另一方面，公司组织垃圾收运者集中回收消费者废弃的包装，分类送到相应的资源再利用厂家进行循环使用，能直接回收的则送返制造商，实现物质"出生—死亡—再出生"的闭合循环，充分体现了循环经济的思想。

到 2018 年，德国垃圾再利用行业每年创造 410 亿欧元产值，生产部门的垃圾被重新利用的比例平均为 50%。垃圾回收已经成为德国人的环保"标签"之一。

4.3.3 瑞典

曾几何时，瑞典也是垃圾遍地、污水横流。后来，瑞典政府下定决心治理环境，垃圾分类成为首要议题。

一开始，瑞典民众也不习惯垃圾分类，垃圾乱扔时有发生。瑞典政府曾试过在垃圾收集点设立监督员，实地引导、逐个检查，对"顶风作案者"予以处罚。可瑞典人觉得这一举措粗暴过激，不愿自己生活的残余物被当众围观窥视，大力反对之下，政府只能作罢。左右为难的瑞典政府后来意识到，教育还是要从娃娃抓起，于是将垃圾分类纳入国民教育大纲，孩子从幼儿园开始就要学习相关知识，参观垃圾回收的过程，再回家向成人普及理念，互相监督，在共同实践中逐渐形成民族传统，内化成行为准则。

经过了一代人的努力，那些让人眼花缭乱的分类规则早已是瑞典人细碎的生活日常——玻璃瓶要分有色和无色的，纸类要分报纸和硬纸盒；瓶子要洗干净，盖子和瓶身要分开；坏了的台灯，也要分成灯泡、金属和塑料……

对于广泛使用的饮料瓶、矿泉水瓶，瑞典推行押金制度。消费者购买一瓶矿泉水所支付的费用里，包含了瓶子的押金。无论是易拉罐、塑料瓶还是啤酒瓶，只要把它们投入专门的回收机器中（见图4.14），就能拿回购买时支付的押金。在这一运作系统下，瑞典瓶瓶罐罐的回收率高达93%。

▶ 图4.14　饮料瓶回收机

相信有人会好奇，瑞典人民如何处理剩菜剩饭。瑞典很多超市旁边会提供免费的厨余垃圾纸袋（见图4.15）。这些纸袋简约美观，粘有密闭封条，可以和食物残渣等一起降解。

▶ 图4.15　厨余垃圾纸袋

除了纸袋外，厨余垃圾桶旁边，也有可降解的塑料袋。为了避免气味散出，居民还被要求将袋口封得严严实实。就这样，一袋袋干净的垃圾，在垃圾桶里井然有序地摆放，完全不给蚊虫乱舞的机会，人们可以轻松躲过一轮轮气味的袭击。

除了规定居民有义务进行垃圾分类、生产者有义务回收自己的产品外，瑞典政府还竭力创造了一个对环保科技研发友善的环境，通过资金补助或优惠政策，鼓励企业投入绿色科技，不断开发循环利用技术。到 2018 年，瑞典回收后的矿泉水瓶，可以实现一比一还原。即压缩分解后的原料，可以用来制作一个新瓶子，不浪费一点材料。图 4.16 为待处理的塑料瓶。

▶ 图 4.16　待处理的塑料瓶

厨余垃圾转化成沼气，为汽车和公交车提供能源，剩余的渣滓用来堆肥。而垃圾回收最大的去向是焚烧发电。

作为一个北欧国家，瑞典一年中有 8 个月需要供暖。焚烧垃圾产生的能量加热水炉中的水，可以给全国 20% 的家庭供暖。加热水产生的蒸汽，又通过发电机组给家庭供电，为 5% 的家庭提供廉价电力。这些垃圾焚烧厂，外观美丽，干净整洁，没有难闻的气味，在设备的层层净化过滤下，连最讨人厌的二口恶英排放都近乎为零，所以不用担心"邻避效应"，有的工厂离居民区只有一步之遥。图 4.17 为瑞典某垃圾焚烧厂。

▶ 图 4.17 瑞典某垃圾焚烧厂

在瑞典几乎人人都知道，4 吨垃圾等于 1 吨燃油能源。在机器自动化的高效运转下，一家 12 人的工厂，每年的盈利额高达 550 万欧元。瑞典人把垃圾生意做到出神入化，并立志垃圾回收利用率要达到 100%。未来还要彻底放弃化石能源。

瑞典斯德哥尔摩市的哈马比生态城、马尔默市的西港，早已成为世界知名的生态可持续环保社区的样板工程，吸引着来自世界各地的考察团。而瑞典探索的步伐并未停止，斯德哥尔摩市计划在 2022 年前，在阿兰达机场周围建立一座 "斯德哥尔摩航空城"，目的是创建一个环境技术中心，将投身于可持续发展和环境技术领域的科研创新团队和老牌企业汇集在一起。

而马尔默市正在建设中的希利亚，将发展成为厄勒海峡区域气候智能水平最高的地区。2020 年前，这一地区的能源供给将 100% 来自可再生或回收能源。

4.4 亚洲

4.4.1 新加坡

新加坡国土面积狭小，全国面积仅约 700 平方千米，驾车不到一个小时就可以从东到西横穿新加坡本岛。然而，国土的狭小和自然资源的有限并没有阻止这个国家的飞速发展。自 20 世纪 60 年代独立以来，新加坡已经发展成为世界 50 个最富有的国家之一。由于高速城市化与经济的蓬勃发展，新加坡垃圾的产量也日益锐增。据统计，在 20 世纪 70 年代，新加坡的垃圾日产量是 1200 吨，2018 年已增加到每日 7000 吨。作为一个人口密度很高的城市国家，新加坡垃圾日益增多，不但影响空气质量，也威胁着人们的生活与健康。

在 20 世纪 60 ~ 70 年代，新加坡处理垃圾仅仅是将其直接倾倒在海边，没有任何政府部门或者企业去对垃圾进行处理。这直接导致海边的居民极大的不满。随着居民的抱怨以及各种投诉愈演愈烈，政府不得不规定必须要对垃圾进行分类，之后通过焚烧处理，最后再选择合适的地方进行填埋。焚烧后的剩余不可利用的物质由政府决定集中倾倒在新加坡北部淡滨尼的两个垃圾填埋场。

时光流逝，到了 20 世纪 80 年代末，新加坡每年产生的废物量根据当时政府的统计已经达到了 190 万吨。相关部门在当时根据垃圾增长的趋势预计：到 2000 年时垃圾量至少会增长到 230 万吨。而那个时候在淡滨尼的垃圾填埋场也将不堪重负。但以当时的条件看来，政府在新加坡的主岛上几乎不可能有其他合适的地区可作为垃圾填埋场。新加坡政府毅然决定向海上发展，最终选择了锡京岛和实马高岛之间的一块封闭水域，进行合理规划，将这片区域合并开发。

在政府决定合并开发这块区域时，锡京岛和实马高岛的绝大多数居民依靠捕鱼为生，而实马高岛是这些渔民的主要居住地。到 20 世纪 70 年代中期，政府决定发展石油化工，选择了实马高岛，规划了耗费 1.5 亿新元的填海方案将其发展成为一个综合产业园来推动新加坡的石油化工产业。虽然产业园的建设一直没有实际行动，但到了 20 世纪 70 年代末期，在实马高岛上的大多数居民被安置到新加坡不同的陆地区域。这种情况持续到新加坡新一任环境部长在 20 世纪 80 年代末上任，该任部长将这片区域用来填埋生活垃圾提上了议程。四五年后，当时的新加坡政府终于批准了环境部长的这份提议，按照当时的情况预计，完成最终的开发需要接近 14 亿新元。

随着垃圾产生量越来越多，到 20 世纪 90 年代，政府开始寻求新的出路，鼓励工厂、企业以及国内居民降低垃圾产生量，同时开始重视发展循环再生利用的相关工程。到 20 世纪末，新加坡的循环再生利用企业想尽一切方法将所有可以再生循环的废物都进行了再利用，而那些确实没法再生的废物则进了焚烧发电厂（见图 4.18）。

▶ 图 4.18　新加坡焚烧发电厂

实马高垃圾填埋场由实马高岛、锡京岛和一条人工长堤衔接而成，距离主要的陆地并不算遥远。这条人工长堤在设计时就考虑了海底的地形，长堤完全贴合地形建设。这条全长接近 7 千米的长堤把实马高岛和锡京岛紧密地连接了起来，同时又将两个岛附近的海域围成了圆形。面积 3.5 平方千米的垃圾填埋区（见图 4.19）就在这个圆形区域内。

▶ 图 4.19　实马高垃圾填埋场

新加坡所有不能循环利用以及焚烧后剩余的物质都被送往这个填埋场，但填埋场完全没有想象中难以忍受的恶臭味。漫步在填埋场附近，随时可以看见海鸟飞过，甚至还有渔船在填埋场另一侧的海域进行捕捞。图 4.20 为实马高填埋区附近。

▶ 图 4.20　实马高填埋区附近

2019 年新加坡运营的垃圾焚烧厂共有 4 座，每天会焚化接近 7000 吨的生活垃圾，而焚烧后产生的废物超过了 1500 吨，同时新加坡每天有超过 400 吨完全无法循环利用或焚烧的生活垃圾。因此每天送往这个填埋场的生活垃圾接近 2000 吨。

这 2000 吨的垃圾在锡金岛的垃圾转运站进行集中，这座转运站是一座浅蓝色建筑，约有一般住宅五六层楼的高度，接近 50 米宽，长度超过 200 米。转运站有 1/2 在海里，方便垃圾运输船直接驶入室内。垃圾从运输船被倒进填埋坑后，压路机会对填埋坑进行压实，一直重复作业到垃圾堆到一定高度，之后再在压实的垃圾上覆盖一层 30 厘米厚的泥土。为了不影响白天的空气质量，向岛上运垃圾都在傍晚进行。整个垃圾埋置过程从大士南海运转换站开始。垃圾车在那里直接将垃圾倒入平底船。

运送的船只由驳船和拖船两部分组成，驳船装置垃圾，并配有相应长度的盖子，防止垃圾在运送过程中被吹进附近海域。大士南转运站距离实马高岛 33.3 千米，需要行驶 3 小时才能到达。不管是装货区还是卸货区，都有带有特殊设计的抓斗的大型挖掘机配合运送垃圾（见图 4.21）。

▶ 图 4.21　挖掘机配合运送垃圾

经过焚烧处理后的垃圾，质量会减少 80%，体积也会缩减 90%。新加坡现在每年有 60% 的垃圾可以循环利用，其余 38% 的垃圾会被燃烧处理用来发电，另有 2% 的垃圾会被直接送去垃圾填埋场。4 个垃圾焚烧场所产生的电力占全国电力用量的 2% ～ 3%。

实马高岛还建有一个浮动废水处理厂。废水处理厂会把垃圾填埋区中因降雨堆积的多余的水，处理达到排放标准后，排入另一侧的海域。

实马高岛是新加坡唯一一个鼓励公众参访的垃圾填埋场，游客可以在每周星期一至星期五登岛游览。新加坡许多学校还会定期组织学生去岛上接受环保教育。

4.4.2 日本

日本垃圾分类是世界公认的成功典范，日本基于本国资源特点在多年实践中形成了以公民参与为中心、社会各界全方位参与的垃圾分类协同治理机制。这一机制的成功构建是日本垃圾分类处理成功的最大秘诀。图 4.22 为日本某地分类指导单页（中文版）。

日本的垃圾处理在 20 世纪 50 ～ 60 年代还只是处在末端治理时期，政府通过填埋和焚烧的方式处理垃圾残留问题。并且，这一时期，日本国民也并未参与到垃圾分类管理中。图 4.23 为日本某焚烧发电厂。

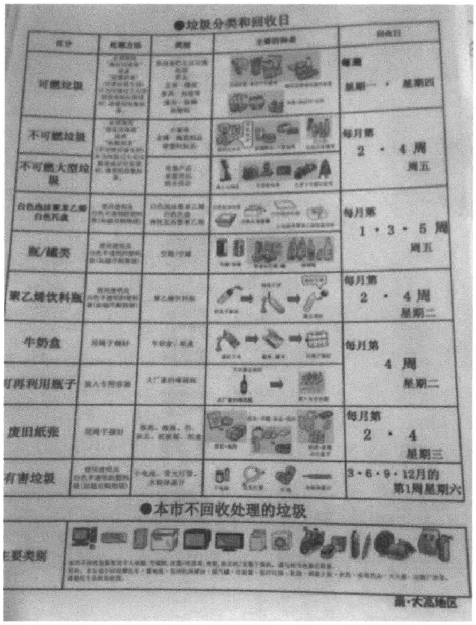

▶ 图 4.22　日本某地分类指导单
　　　　　页（中文版）

▶ 图 4.23　日本某焚烧发电厂

到了 20 世纪 80 年代，随着日本"泡沫经济"时期的到来，垃圾数量和种类剧增，传统的填埋和焚烧方式已难再有效处理垃圾余留问题。这就促使日本政府通过有效的垃圾分类来提高焚烧效果。与此同时，民众意识到对于垃圾处理无法再置身事外，必须参与其中，与政府合力将废物末端治理转向生产和消费源头控制预防。日本逐步走上了一条垃圾规范化处理的道路。是选取传统且成本相对较低的填埋法，还是采用新兴但成本相对较高的焚烧法？这样的问题一度困扰着当时的决策者们。最后，由于曾经填埋法的失败经历以及日本国土面积狭小等原因，日本确定了以集中焚烧为主要垃圾处理方式的共识，并在全国各地建立起规模庞大的垃圾焚烧厂。图 4.24 为日本焚烧发电厂内部。

▶ 图 4.24　日本焚烧发电厂内部

　　而接下来，法律的威力开始发挥作用。日本有关部门相继出台了《空气污染控制法》《容器包装回收法》《循环型社会形成推进基本法》等法规条例，其中严厉的刑罚对民众产生了强大的威慑作用。习惯成自然，环境状况慢慢有所改观。

　　垃圾分类是垃圾处理中重要、关键的一环，日本在这方面可以说是当之无愧的权威。一般废物、产业废物以及有毒有害废物是日本最基础的三大类垃圾。在此之下，又细分为可燃垃圾、可自燃垃圾、不可燃垃圾、大件垃圾以及资源型垃圾等。这样的复杂分类，一度也让日本民众难以适应。图 4.25 为日本某垃圾分选厂。

　　不仅垃圾分类是门学问，处置垃圾同样也是门学问。日本的每户家庭里，几乎都可以看到这样一个日历表：每一日清晰地记载了可丢弃垃圾的类型，一周七日，日日不同。居民们必须严格按照日历表要求，在第二天规定时间之前将垃圾堆放到指定地点，否则又将等到下一周。

　　将垃圾分类之后，处理的最高境界便是将其变废为宝，而日本在这方面同样也是毫不逊色，遍布各地的资源循环站是垃圾变废为宝的强大支撑。

▶ 图 4.25 日本某垃圾分选厂

各种类型的垃圾来到资源循环站，摇身一变用于火力发电、道路铺设以及填海造陆等领域。一处不经意吸引你的风景，很可能便是垃圾华丽蜕变的结果。图 4.26 为分选后的可回收物。

▶ 图 4.26 分选后的可回收物

日本爱知县名古屋市为了打造可持续发展的循环型城市，形成了一套完整的垃圾处理产业链，具体如图 4.27 所示。首先，对垃圾进行详细的分类，要求市民按照分类表处理垃圾。将回收后的垃圾分为资源型垃圾、不可燃垃圾、大件垃圾、可燃垃圾、可自燃垃圾，根据垃圾性质送入大件垃圾处理厂、焚烧厂、填埋场等不同的设施内进行处理。

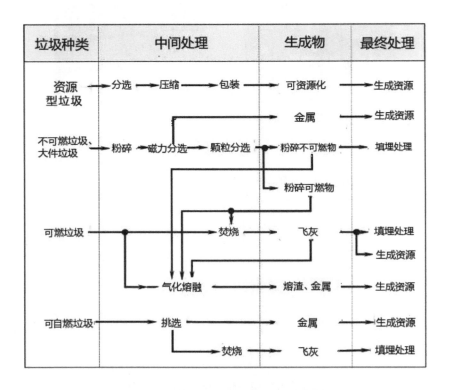

▶ 图 4.27　名古屋市垃圾处理产业链

资源型垃圾包括塑料容器包装、塑料瓶、纸质容器包装等，对此类垃圾进行分选、压缩、包装后交由回收利用机构进行回收。

可燃垃圾交由市内三大焚烧厂全部焚烧，采用气化熔融炉对垃圾进行热分解、气化，同时将剩余飞灰进行熔融，从焚烧到飞灰熔融，实行一体化处理。图 4.28 为焚烧发电示意装置。

▶ 图 4.28　焚烧发电示意装置

　　不可燃垃圾及大件垃圾交由大江破碎工厂，用破碎机捣碎并用大型磁石进行分选。捣碎后的可燃物（木制家具、软质塑料等）进行焚烧；不可燃物（陶器瓷器、硬质塑料等）填埋处理或交由名古屋鸣海工厂熔融处理。

　　其中，负责处理大件垃圾的工厂叫作大江破碎工厂，位于名古屋市南部，占地面积 2.5 万平方米，于 1998 年投入使用，专门进行不可燃垃圾、大件垃圾的处理以及资源型垃圾、可燃物、不可燃物的分选。

　　该工厂有两大处理系统，每日运行 5 小时，日处理量共 400 吨。主要使用横型旋转式破碎机进行处理，主要设施还包括大件垃圾切断机、磁力分选机、分选机、集装箱式搬运装置等，并使用带有除臭装置的过滤式吸尘器吸尘。图 4.29 为剪断式破碎机模型。

垃圾捣碎后再使用回转筛进行分类。圆筒形回转筛倾斜摆放，将倒入的垃圾从左至右推出，传输过程中根据大小不同的筛孔将垃圾分选为破碎不可燃物和破碎可燃物。图 4.30 为回转式破碎机模型。

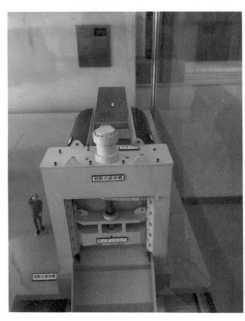 

▶ 图 4.29　剪断式破碎机模型　　　　▶ 图 4.30　回转式破碎机模型

最后，将捣碎、分选后的垃圾分别交由填埋场、焚烧厂处理。

针对大件垃圾的搬运，日本国内似乎还面临着一些亟须解决的问题：场地有限，大件垃圾挤爆企业；居民对有偿服务认可度不高，无主大件垃圾多；人力、运输、处理成本高，利润相对不足，缺乏吸引力，等等。

对此，大江破碎工厂是这样解决的。首先，通过政府部门在市区内各地段开设垃圾回收柜台，市民可就近将垃圾送至柜台；并给大件垃圾定价，根据种类收取不同的回收手续费，价格低廉；开放工厂，允许市民或企业自行开车将大件垃圾运送至工厂，进行整车称重，手续费约相当于 10 千克 /12 元人民币。图 4.31 为回收来的大件垃圾。

▶ 图 4.31　回收来的大件垃圾

4.5 澳大利亚

　　澳大利亚主要将垃圾分为一般生活垃圾、绿色生活垃圾和可回收利用垃圾。一般生活垃圾是"不可再生利用的垃圾"，绿色生活垃圾指厨余垃圾等，可回收利用垃圾包括废纸、玻璃瓶、铝、铁罐、硬式塑料瓶等。

　　政府每年收取的市政费里包含了垃圾处理费。澳大利亚的街头巷尾包括公园会放置垃圾桶，每家每户有 3 个垃圾桶：一个是红色盖子，放一般生活垃圾；一个是黄色盖子，放可回收利用垃圾；还有一个是绿色盖子，放园林垃圾（见图 4.32）。一般生活垃圾包括剩饭剩菜、食物包装袋、尿布、塑料袋等，垃圾桶盖上会标示不可放入电子产品、易燃物、液体及汽油类。可回收利用垃圾桶会标示哪些东西可以扔，包括纸盒、纸张、罐头盒子、饮料瓶子，所有东西都不可以包裹起来，必须单件松散地放入桶内。澳大利亚每个区都规定了上门处理日常生活垃圾和不可回收垃圾的特定时间，住户可以在前一天晚上将垃圾桶放在门口，垃圾处理公司每周上门收取一次一般生活垃圾，可回收利用垃圾和绿色植物垃圾是每两周上门收取一次。如果遇到公共假日，收取时间就延迟一天。电子或者电池类的垃圾，除了每年有 1～2 次政府免费收集时间，其他时间需要运到政府规定地方丢弃，一般是需要付费的。

▶ 图 4.32　绿色植物垃圾

　　澳大利亚基本家家户户都有不少绿色植物，政府会每年集中上门处理两次，每个区的处理时间不同，政府会提前发信通知，信件上会告知植物垃圾如何摆放，尺寸应多大。例如：植物需要与路面呈 90° 摆放，每个植物长度不能超过 1.5 米。

　　对于旧的服饰，很多商场门口会放几个黄色大垃圾桶（见图 4.33）专门用来接收旧衣服、旧鞋子，但是要求不可以打包放进去，要一件件地分开放进去。这些二手衣服经过消毒处理后，一部分用来捐赠，另一部分在慈善机构的商店里售卖。

▶ 图 4.33　旧衣服回收箱

　　对于稍微大的垃圾例如旧家具、电视、自行车等，和要处理的绿色植物一样，每年政府也会上门两次处理大件垃圾。在规定丢弃前两周，基本都会收到政府的通知，上面告知处理时间和对垃圾尺寸的要求。各家各户可以提前一周准备，小到碗碟、台灯、花盆、儿童玩具，大到自行车、电视机、冰箱、桌椅、沙发、桌椅都可以丢弃。特别有意思的是，每年到这个时候，就会有人提前开着卡车，到处搜罗可以用的物品，要么搬回家自用，要么处理一下带到跳蚤市场售卖。例如很多丢弃的电视、冰箱都是可以用的，屋主会在物品上贴张纸条表明还能用。图 4.34 为澳大利亚路边的废弃家电。

▶ 图 4.34　澳大利亚路边的废弃家电

第 5 章

生活垃圾未来
处理趋势

5.1 政策推动分类处理，垃圾焚烧占据主导

很多城市的垃圾焚烧厂在建设时或运营时，当地政府会收到很多居民的投诉件。那么，垃圾焚烧厂真的会严重污染环境吗？对居民健康有没有危害？政府将如何监管？

随着全球经济的迅速发展和人们物质生活水平的提高，"垃圾围城"是绝大多数国内城市所面临的现实困境，越是大城市，这个问题越严重。众所周知，生活垃圾是多种废物的混合，经过堆积、发酵产生渗滤液、腐朽气体，滋生各种细菌。若不进行有效处置，将会对环境造成严重污染。垃圾处理存在多种模式，各有优缺点，为什么选择垃圾焚烧处理，焚烧有什么好处，会产生哪些污染，二噁英能否得到有效控制……对于这些疑问，本章将做出解答。

图 5.1 为垃圾焚烧炉。

▶ 图 5.1　垃圾焚烧炉

（1）为什么选择垃圾焚烧处理

世界上对于垃圾的处理存在多种模式，主要包括卫生填埋、生物处理、焚烧发电等。

卫生填埋具有成本低、处理量大、操作简便等特点，但存在占地多、渗滤液难处理、恶臭相对较难控制等缺陷和不足。由于经济、技术以及管理方面的原因，我国现行生活垃圾填埋场很多存在二次污染的风险，对周围的水体、大气和土壤也造成不同程度的影响。图 5.2 为国内某垃圾填埋场。

▶ 图 5.2　国内某垃圾填埋场

生物处理是利用自然界中的生物，主要是微生物，将固体废物中的可降解有机物转化为稳定的产物、能源和其他有用物质的一种处理技术，实现生活垃圾的减量化、无害化、资源化。主要用于处理有机垃圾，也称生物质废物，主要包括厨余垃圾（剩饭剩菜、果皮、鱼刺等）、动植物残体（动物尸体、树皮、木屑、农作物秸秆）、动物粪便等。总之，能用于生物处理的垃圾都具有"易腐烂"的特点（见图 5.3）。

▶ 图 5.3　适合生物处理的垃圾（漫画版）

而垃圾焚烧处理是利用高温氧化作用处理生活垃圾——将生活垃圾在高温下燃烧，使生活垃圾中的可燃废物转变为二氧化碳和水等，焚烧后的灰渣不到生活垃圾原体积的 20%，从而大大减少了固体废物量，还可以消灭各种病原体。垃圾焚烧在国际上已有 100 多年历史，管理规范比较完善、技术相对成熟可靠，可大大削减生活垃圾填埋占地，节约宝贵的土地资源，焚烧后产生的热量也可用于发电和供暖。

由此可见，垃圾焚烧发电是最符合生活垃圾处理减量化、资源化、无害化原则（"3R"原则）的处理方式，从国内大型城市北京、上海、广州、深圳乃至全球看，垃圾处理的主流方式都是焚烧处理。图 5.4 为上海市崇明区垃圾焚烧发电厂模型。

▶ 图5.4　上海市崇明区垃圾焚烧发电厂模型

（2）生活垃圾焚烧处理产生哪些废气

生活垃圾焚烧发电厂排放的废气主要来自焚烧炉所产生的烟气，所含的主要污染物为颗粒物、二氧化硫、氮氧化物、氯化氢、一氧化碳、恶臭污染物以及二噁英等。通过烟气净化系统进行处理可有效防治污染。

多数生活垃圾焚烧发电厂的烟气处理工艺成熟可靠，可确保烟气排放指标满足所在地相关法规中规定的排放限值，并严于国标和欧盟2010标准。烟气处理工艺已成功用于我国多个地区，如深圳、北京以及宁波等地区的部分焚烧厂。

（3）产生的臭气如何控制

臭气污染源主要来自进垃圾焚烧厂的原始垃圾，垃圾运输车在卸料过程中和垃圾堆放在垃圾储坑内散发出带恶臭的气体，其主要成分为硫化氢（H_2S）、氨（NH_3）等。

生活垃圾焚烧发电厂为防治臭气污染通常采取以下措施：首先，采用密闭性、具有自动装卸结构的垃圾专用运输车来运输垃圾，尽量减少臭味外逸；其次，垃圾坑和卸料大厅采取密封措施，风机的吸风口设置于垃圾坑上方，使垃圾坑和卸料大厅处于负压状态，不但能有效控制臭气外逸，同时又将恶臭气体作为燃烧空气引至焚烧炉，恶臭气体在焚烧炉内高温分解，气味得以清除（见图 5.5）。

▶ 图 5.5　烟气净化

（4）如何处置燃烧后的残余物

生活垃圾燃烧后的残余物主要为炉渣，属于一般固体废物，可用作填埋场覆盖层的材料和制作免烧砖等。

飞灰含有二噁英及重金属等有害物质，属于危险废物。一般生活垃圾焚烧发电厂产生的飞灰处置方式均是螯合稳定化处理，待飞灰稳定化物浸出液检验满足《生活垃圾填埋场污染控制标准》（GB 16889—2008）要求后进入生活垃圾填埋场单独分区填埋。

垃圾渗滤液是垃圾在垃圾储存仓暂存过程中产生的高浓度废水。生活垃圾焚烧发电厂产生的渗滤液通过输送管道输送至渗滤液处理站，采用 MBR

膜生物反应器（两级 AO 生物脱氮 + 外置式 UF 系统）+NF/RO 的组合工艺进行处理，渗滤液出水执行《生活垃圾填埋场污染控制标准》（GB 16889—2008）标准后排入市政污水管网，最终入污水处理厂。图 5.6 为渗滤液处理技术流程。

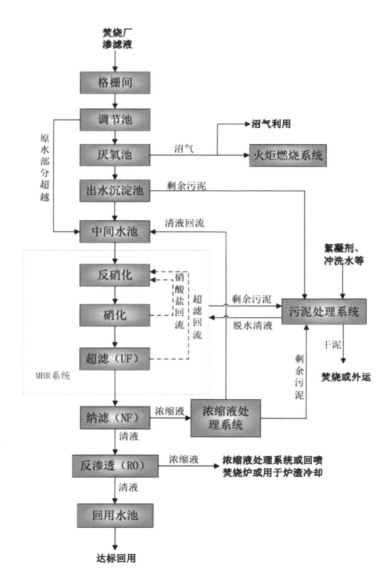

▶ 图 5.6　渗滤液处理技术流程

（5）政府和焚烧发电厂自身如何监管

生活垃圾焚烧发电厂的运营监管主要有焚烧厂烟气排放监测数据与环保部门实时联网；在企业门口设置大屏幕电子显示屏在线显示烟尘、二氧化硫、氮氧化物、氯化氢、一氧化碳等数据，接受社会监督；按季度对焚烧厂产生的烟气、废水等开展监督性监测以及不定期的抽测；设置公众开放日，公众可以到厂区参观监督。

除了环保部门对企业定期的监督以外，企业也会定期不定期地开展自行监测工作。目前，多地的生活垃圾焚烧发电厂已设置了环保教育基地，定期向公众开放，而在其厂区外大门口也设置了大屏幕电子显示屏，以接受公众监督。

将来，在日常监管工作中，还将进一步把垃圾计量、化学品消耗、焚烧温度、烟气排放、灰渣和渗滤液处理等各生产环节和污染物排放作为监控重点；若发现企业超标排放行为，环保部门将严格按照《中华人民共和国环境保护法》中有关要求进行处罚，同时也鼓励周边公众监督垃圾焚烧的运行和烟气排放。

5.2 分类处理撬动万亿市场，行业迎来新机遇

乘着垃圾分类的东风，无废城市试点建设的推广将使城市生活垃圾处理行业迎来阳春。

（1）餐厨垃圾

在城市端，餐饮垃圾和厨余垃圾（即餐厨垃圾）是全面推行垃圾分类的"重点关注对象"及"无废城市"建设的核心抓手。

餐厨垃圾的产生量应当以餐饮单位产生的餐厨垃圾总量为准，由于我国餐厨垃圾管理体系长期存在多部门协管的状况，尚无官方统一的直接统计口径。长期以来，由于生活垃圾分类工作推进迟缓，多数城市的餐饮、厨余垃圾统一归入餐厨垃圾管理渠道，对餐厨垃圾的统计和分析口径存在一定模糊。

本书为简便计，对县以上的城镇餐厨垃圾产量估算均以现行的《餐厨垃圾处理技术规范》(CJJ 184—2012) 中的计算公式为基础，并结合不同地区的城镇化水平对人均产生量、产生量系数等进行了一定修正。需要注意的是，本节所指的餐厨垃圾均仅包括县及以上地区，农村地区人口稀疏且餐饮行业不发达，餐厨垃圾产量较小，收运体系尚不完善，末端处理市场暂未打开，故此处不对其进行专门讨论。

根据住建部《中国城乡建设统计年鉴2017》统计推算，当年我国城镇地区餐厨垃圾总产生量为5287万吨（见图5.7）。

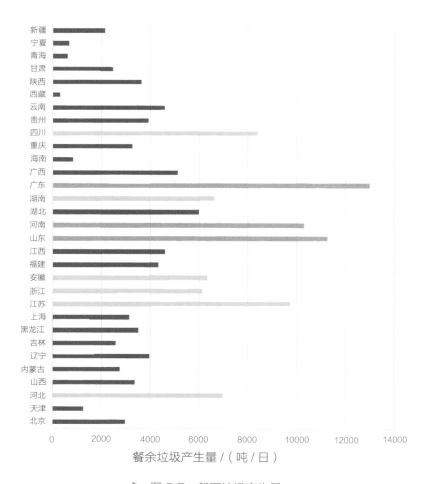

▶ 图 5.7　餐厨垃圾产生量

从产生量来看，人口和经济大省广东遥遥领先，日均餐厨产生量超过12000吨。山东、河南两省分别位列第二位和第三位，日产餐厨垃圾在万吨以上，均为餐厨垃圾处理市场的首要布局点。江苏、四川、浙江、湖南、河北等中部人口密集地区市场可观，跻身第二梯队。

我国餐厨垃圾处理市场呈现"东高西低"的明显趋势，东部沿海的环渤海、长江三角洲及珠江三角洲处理能力明显高于平均水平。从经济带来看，长江经济带沿线发展态势相对较好，黄河流域，尤其是上游地区则整体表现不佳。

在市场空间释放方面，餐厨垃圾领域与其他固废相比起步较晚，释放程度不高，但随着对食品安全的关注、"非洲猪瘟"等防疫工作的重视，餐厨垃圾市场整体的释放程度有了明显提高。

若监管力度加大、收运体系建设加速，处理市场运营环境持续好转，餐厨垃圾市场释放完全，则2021年我国餐厨垃圾市场容量将可达450亿元，处理环节占据主要市场。随着已建项目逐步投产，运营收入和产品销售将成为餐厨垃圾处理行业的最大蛋糕。

1）餐饮垃圾

我国餐饮垃圾处理行业在有机固废中起步较早，以地方政府主导、企业运作、产生单位参与、收运一体化的模式，已经逐渐形成完整的餐饮废物资源化利用和无害化处理的产业链（见图5.8）。

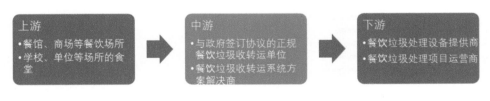

▶ 图5.8　餐饮垃圾产业链

从服务链看，企业完成了餐饮垃圾收运、处理处置及产品资源化的全过程。

我国已经建立了较为合理的收运模式：由城市环境管理部门统筹协调，建立了特许经营制度，将餐饮垃圾交由特许经营企业实行统一收运；建立台账制度，解决餐饮垃圾的来源、种类及处置中的问题，对餐饮垃圾进行无害化集中处理，并将产品进行资源化利用。

整体来看，餐饮垃圾处理行业产业链相对完善，但对政府监管和执法的依赖性较强，末端企业的原料需求风险大，系统性建设和全流程管理是行业正常发展的必要条件。

2）厨余垃圾

厨余垃圾处理行业与居民垃圾分类息息相关。长期以来，我国垃圾分类工作推行缓慢，成效不彰。受制于前端垃圾分类工作的不畅，厨余垃圾一直与生活垃圾混合处置。随着我国《垃圾强制分类制度方案（征求意见稿）》的推进，厨余垃圾的收运体系将有望进一步完善，厨余垃圾资源化处置将逐渐被市场所识别。

垃圾分类进展较好的城市，末端厨余处理市场环境往往也相对较为成熟。一般来说，城市整体垃圾分类完善的城市，如宁波、厦门、深圳等地的末端集中式处理设施建设及运营相对先进；而多数分类体系尚未完全搭建的城市，则多以分散式小规模处理设备为主。

按照城镇生活垃圾成分占比来看，厨余垃圾总量可达 12000 万吨左右。考虑到农村及中小城镇生活垃圾分类系统尚不完善，垃圾分类下沉程度不足，厨余垃圾市场空间主要集中在大中城市、垃圾强制分类城市以及"无废城市"试点地区等。根据《2018 年全国大、中城市固体废物污染环境防治年报》，2017 年，202 个大中城市生活垃圾产生量 20194.4 万吨，按照厨余垃圾占比 40% 计，大中城市厨余垃圾总产生量可达 8000 万吨。据实地调研结果显示，垃圾分类水平较高的城市居民小区的实际可分出的厨余垃圾占生活垃圾10% ~ 20%，因此可以预计，考虑到厨余垃圾处理市场受到垃圾分类水平的整体制约、调研城市的分类水平位列全国上游等综合因素，垃圾分类全面铺开后，预计每年可分出的厨余垃圾总量为 2000 万 ~ 3000 万吨。这一数字将随着垃圾分类的进一步推广而逐步攀升。

与餐厨垃圾类似，厨余垃圾处理市场也主要由收运、处理两个环节组成。据统计，收运市场的价格与地区相关性较大，平均收运价格在 120～180 元/吨，与餐厨垃圾处理行业相当；处理市场则分为大规模处理项目和分布式就地处理两大类。从项目数量来看，后者明显居多，多为非居民单位、强制分类的机关单位、学校等地区采购；前者数量相对较少，目前大多项目仍处于建设阶段，国内成功运营的项目不多。处理环节的平均中标价为 187 元/吨，略高于餐厨垃圾的平均水平。

在垃圾分类全面强制推行的基础上，我国厨余垃圾市场将迎来行业的第一次跃升。垃圾分类全面铺开后，每年可单独收集的厨余垃圾总量为 2000 万～3000 万吨，伴随垃圾分类的可释放年市场空间可达 110 亿～170 亿元，但目前实际释放程度不足 1/10，行业发展程度远不及餐厨垃圾。而理想情况下，我国（仅大中城市）每年厨余垃圾总量在 8000 万吨左右，其潜在的市场容量为 440 亿～453 亿元。

随着垃圾分类工作的进一步推进，厨余垃圾的巨大产量和市场空间将逐步释放。在垃圾分类的政策利好下，厨余垃圾处理空间近两年势必将随着"垃圾分类就是新时尚"的东风渐起而迅速释放，百亿元空间的释放率有望迎来第一次快速攀升，其中垃圾分类立法先行、政策基础良好的长江经济带（尤其是下游地区）将占据需求优势而夺得行业发展先机。

（2）建筑垃圾

截至 2018 年，从资源化利用角度来看，我国建筑垃圾总体资源化率不足 10%，远低于欧美国家的 90% 和日韩的 95%。《"无废城市"建设试点工作方案》中提出开展建筑垃圾治理，在有条件的地区推进资源化利用，提高建筑垃圾资源化再生产品质量，为建筑垃圾的资源化利用提供了契机。图 5.9 为建筑垃圾处置。

▶ 图 5.9　建筑垃圾处置

　　按照不同的分类标准，建筑垃圾有不同的类别，按照建筑垃圾产源地主要分为土地开挖垃圾、道路开挖垃圾、旧建筑物拆除垃圾、建筑施工垃圾以及建材垃圾。其中，道路开挖垃圾具有极强的污染性，必须进行回收处理；建筑施工垃圾主要成分为碎砖、混凝土、砂浆、桩头、包装材料等，约占建筑施工垃圾总量的 80%。

　　据测算，每 10000 平方米建筑施工面积平均产生 550 吨建筑垃圾，建筑施工面积对城市建筑垃圾产量的贡献率为 48%，结合住建部公布的最新规划，到 2020 年中国还将新建住宅 300 亿平方米，届时我国建筑垃圾产生量将达到峰值，预计会突破 30 亿吨。

　　建筑垃圾的危害如下。

　　1）引发安全隐患

　　在工程建设中，许多施工方为了节约成本和施工便利，便在施工场地周围随意堆放建筑垃圾。这样的垃圾堆放地大都缺乏足够的安全措施，留下了不少安全隐患，例如，建筑垃圾堆一旦受外力影响就很容易崩塌，结果会造成道路堵塞，甚至压向行人或其他建筑物。

2）污染水源

建筑垃圾在堆放和填埋过程中，由于发酵和雨水的淋溶、冲刷，以及地表水和地下水的浸泡而渗滤出的污水渗滤液或淋滤液，久而久之会造成周围地表水和地下水的严重污染。

3）影响空气质量

建筑垃圾在堆放过程中，大量的粉尘、细菌等随着空气流动扩散到空气当中，严重影响周边的空气质量。此外，建筑垃圾在温度、水分等作用下，其中的某些有机物质会发生分解，产生有害气体，也会给周边空气造成污染。

4）占用土地，降低土壤质量

目前，我国建筑垃圾处理的主要方式是在消纳场进行填埋或焚烧处理。这就意味着，随着建筑垃圾的不断增加，垃圾堆放地也在增加。而且，大多数郊区的垃圾以露天堆放为主，经历长期的日晒雨淋后，其中的有害物质通过垃圾渗滤液渗入土壤中，从而发生一系列物理、化学和生物反应，如过滤、吸附、沉淀，或被植物根系吸收或被微生物合成吸收，造成郊区土壤的污染，从而降低了土壤质量。

对于建筑垃圾的处理，我国仍处于起步探索阶段，建筑垃圾的处理技术尚未成熟，资源化利用率也极为低下。据有关资料显示，我国 2018 年已建成投产和在建的建筑垃圾年处置能力在 100 万吨以上的生产线仅有 70 条左右，小规模处置企业也仅有几百家，总资源化利用量不足 1 亿吨，建筑垃圾总体利用率不足 10%。尽管市场需求巨大，但大多数的处理企业由于技术不够成熟，大部分的建筑垃圾都是填埋了事，建筑垃圾得不到充分的回收利用，因此创造的利益较为稀薄。有关数据显示，已建成规模化的生产线实际产能发挥不到 50%，且大多处于非盈利状态。

图 5.10 为移动式建筑垃圾破碎机。

▶ 图 5.10　移动式建筑垃圾破碎机

　　但这既是挑战也是机遇。据住建部公布的最新规划，到 2020 年我国还将新建住宅 300 亿平方米。届时，我国建筑垃圾产生量将达到峰值，预计会突破 30 亿吨。根据数据显示，建筑垃圾运输收费与建筑垃圾处置收费平均分别为 25 元 / 吨和 10 元 / 吨，那么每吨建筑垃圾的运输与处置收入在 35 元左右。以此测算，2020 年的建筑垃圾市场规模将超过 1050 亿元，市场潜力巨大。据了解，北京建工资源公司就发明了一种处理建筑垃圾的新工艺——将建筑垃圾进行破碎、筛分、分选等复杂程序后，加工成可以重新利用的再生产品，如再生砖、再生集料、再生无机材料等。据悉，北京每年约有 7500 万吨的建筑垃圾经过这种新工艺的处理，生产出再生产品 6500 多万吨，资源化利用率可达 87% 以上，给企业带来十分可观的利润。图 5.11 为建筑垃圾再生产品。

▶ 图 5.11　建筑垃圾再生产品

　　如今，城市化进程不断推进，建筑垃圾也不断增多，再加上相关政策的支持，建筑垃圾处理行业的前景可谓一片广阔。而技术则会成为制约这个行业发展的最主要的因素，未来谁占据了技术的最高点谁就掌握了主动权。

5.3 企业抢占市场，助力生活垃圾处理智能化

　　虽然我国很早就开始倡导垃圾分类，不过在落实上还是有些差强人意，毕竟垃圾种类不像红绿灯只有三个颜色，况且就算只分成三类，不遵守规则的也大有人在。

　　所以真正的垃圾分类，一般是到了垃圾处理厂才开始的。

　　垃圾分类是一项工程量巨大、过程重复且枯燥的工作，工人需要用手将可回收的物品从大量垃圾中拣选出来，不但不卫生，还存在一定的危险。要处理数量庞大的垃圾，就意味着工人需要长时间进行工作，对工人的体力和精神力都是一项较大的考验。图 5.12 为生活垃圾人工分拣。

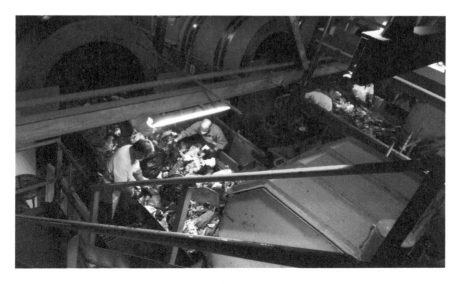

▶ 图 5.12　生活垃圾人工分拣

　　在这种臭气熏天的环境中干着如此枯燥疲惫的工作，想来没有多少普通人愿意。

　　但是，垃圾处理又是一项极其重要的任务，如果垃圾处理厂停工，那么我们的城市将很快变成垃圾的海洋。

　　"垃圾围城"是现代城市发展的附属品，也是一项世界性难题。随着我国新型城镇化建设推进，垃圾增长速度持续走高，特别是建筑垃圾增速惊人。据统计，我国建筑垃圾年产出量可达 20 亿吨以上，约占城市垃圾总量的 70%。

　　为了解决这个难题，一些科研公司将人工智能技术运用到了垃圾分拣领域。

　　只要有电，机器人就能够无止境地工作下去，十分适合大量、重复性、长时间作业。

　　两家外国公司相继开发出了物品分拣机器人，以帮助处理大量的可回收物品。

　　其中一家公司的分拣机器人利用视觉分析系统对物品进行跟踪和分类，这也是市场上比较常见的分拣机器人所使用的方法（见图 5.13）。

▶ 图 5.13　分拣机器人

　　但这家公司为其分拣机器人设计了一套新技术叫作 W.A.R（废旧物品自动回收技术）。这套技术允许机器人对物品的化学成分和形状进行实时扫描和分析，同时也使机器人能够实时指定抓取方式和抓取顺序。这就好比给了机器人一双眼睛，让它们能够轻易分辨哪些垃圾是可以回收的，机器人眼里看到的垃圾如图 5.14 所示。

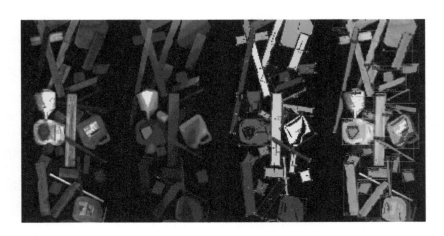

▶ 图 5.14　机器人眼里看到的垃圾

　　单个机器人虽然看似效率不高，但是如果在流水线上安排一排机器人，基本不会出现物品遗漏事故（见图 5.15）。

▶ 图 5.15　分拣流水线

据说 W.A.R 技术能够让机器人对上百种材料进行辨别，甚至还能分析出木材的质量、聚合物和塑料的区别等。另外一家的机器人通过触感来进行垃圾分拣工作（见图 5.16）。

▶ 图 5.16　通过触感工作的分拣机器人

简单来说，就是机器人指尖配有触觉传感器，可以用来检测物品的大小。接着，通过压力传感器测量抓取物体所需的力。由尺寸和刚度这两个数据来判断物体的材料，静止状况下的准确率能达到 85%，而模拟传送带上准确率也能够达到 63%。

人工智能的意义在于造福于人，垃圾分拣机器人既安全准确，又能够进行长时间工作，减少人力资源的浪费。

当然，虽然有了垃圾分拣机器人，对于环保与垃圾分类我们也不能敷衍了事，毕竟爱护生态，人人有责！

垃圾分类是一项工作环境肮脏、枯燥且危险的工作。在工作中，负责回收垃圾的工人在工作中受伤的数量是其他工人的 2 倍，居高不下的死亡率使回收垃圾和回收材料成为美国最危险的工作之一。

但随着人工智能的崛起，在摄像机和被训练识别特定物体的计算机系统的引导下，机器人的手臂会在移动的传送带上滑动，直到它们找到目标。机器人手臂上有一个吸盘，可以从垃圾中取出玻璃、塑料容器和其他可回收物品，然后把它们扔进附近的容器内。平均来说，每隔 1 秒左右机器人手臂就能够识别出一个新的目标，然后把它从垃圾堆中分离出来。

这些机器人工作时和人类工人一样精确，而速度是人类的 2 倍。随着机器人识别和提取特定物体的能力不断提高，它们可能会成为一股新的强大力量，每年能够将数百万吨可回收材料从垃圾填埋场或焚化炉中分离出来。

除了上述提到的两家公司，目前，美国以及芬兰的多家公司都开发了相应的人工智能机器人，并在多个国家投入使用。

多家科技公司已经设计出垃圾分类解决方案，将摄像头和机器人与计算机算法配对，使用"深度学习"来改进垃圾分类。

某机器人公司的首席执行官在一封给媒体的电子邮件中表示，他的公司通过展示数千个瓶子、罐子、包裹和其他物品来训练机器人。"它学会了自己识别所有这些材料，它学会了寻找标志、形状和纹理。"目前美国有三家回收工厂使用皮层系统可以在三年内或更短的时间内获得收益。

而一家企业已经在美国的 2 个地方以及其他 10 个国家安装了人工智能

回收系统。该公司最大的机器人分类器，叫做 Heavy Picker，它的手臂末端是一个超大的钳子，可以抬起 60 磅（约 27.22 千克）重的物体，这使得它对于整理可重复使用的建筑碎片特别有用（见图 5.17）。

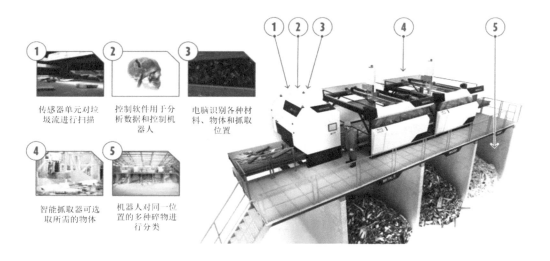

▶ 图 5.17 人工智能回收系统

该智能回收系统：

① 传感器单元对垃圾流进行扫描；

② 控制软件用于分析数据和控制机器人；

③ 电脑识别各种材料、物体和抓取位置；

④ 智能抓取器可选取所需的物体；

⑤ 机器人对同一位置的多种碎物进行分类。

"这确实是该行业的一次觉醒"，该企业的首席执行官说。该企业生产出了一个名为 MAX-AI 的垃圾分类机器人。这种手臂像蜘蛛一样的机器人使用吸盘作为抓地器，已经在美国的 3 个地点和欧洲的 3 个地点售卖。

MAX-AI 分拣机器人就像一个倒置的三脚架，最末端是吸盘。它识别和分类物品的准确率能够达到90%,几乎和人类一样,但速度是人类的2倍(见图5.18)。

▶ 图 5.18　MAX-AI 分拣机器人

公司的首席执行官说,除了能够接手分拣流水线上最糟糕的工作之外,机器人所带来的效率的提高可能会降低回收成本,并在造纸厂、塑料回收商和其他重复使用原材料的公司创造更多的就业机会。

并且,如果机器人的方案奏效,对于环境的回报可能会更大,随着更多的垃圾被回收再利用,将会有更少的垃圾被填埋。

参考文献

[1] Virtanen K,Valpola S.Energy potential of Finnish peatlands[A].
Finland:Geoscience for Society,2011:153-161.

[2] Emil Vainio, Patrik Yrjas,Maria Zevenhoven, et al. The fate of
chlorine, sulfur, and potassium during co-combustion of bark,
sludge, and solid recovered fuel in an industrial scale BFB boiler[J].
Fuel Processing Technology,2013(105),59-68.

[3] HA van der Sloot,DS Kosson,O Hjelma. Characteristics, treatment
and utilization of residues form municipal waste incineration[J]. Waste
Management,2001,21(8):753-765.

[4] Mohammad A Al-Ghouti,Yahya S Al-Degs,Ayoup Ghrair,
et al. Extraction and separation of vanadium and nickel from fly
ash produced in heavy fuel power plants[J]. Chemical engineering
journal,2011,173(1):191-197.

[5] Hupa, Mikko. Ash-Related Issues in Fluidized-Bed Combustion
of Biomasses: Recent Research Highlights[J]. Energy & Fuels,
2012,26(1):4-14.

[6] Hannu Nurmesniemi,Mikko Mäkelä,Risto Pöykiö, et al. Comparison
of the forest fertilizer properties of ash fractions from two power
plants of pulp and paper mills incinerating biomass-based fuels[J]. Fuel
Processing Technology,2012,104.

[7] Meawad A, Bojinova Y, Pelovski Y. Study on elements leaching from
bottom ash of Enel Maritsa East 3 thermal power plant in Bulgaria[J].
2010,45(3):275-282.

[8] Serafimova E, Mladenov M, Mihailova I,et al. Study on the characteristics of waste wood ash[J].Journal of the University of Chemical Technology & Metallurgy, 2011,46(1):31-34.

[9] Demeyer A , Nkana J C V , Verloo M G . Characteristics of wood ash and influence on soil properties and nutrient uptake: an overview[J]. Bioresource Technology, 2001, 77(3):287-295.

[10] Cabral F , Ribeiro H M , L. Hilário, et al. Use of pulp mill inorganic wastes as alternative liming materials[J]. Bioresource Technology, 2008, 99(17):8294-8298.

[11] Van H P , Vandecasteele C . Evaluation of the use of a sequential extraction procedure for the characterization and treatment of metal containing solid waste.[J]. Waste Management, 2001, 21(8):685-694.

[12] Lasagni M , Collina E , Ferri M ,et al. Total organic carbon in fly ash from MSW incinerators as potential combustion indicator:setting up of the measurement methodology and preliminary evaluation[J]. 1997,15(5):507-521.

[13] J Payá , J Monzó , MV Borrachero,et al. Loss on ignition and carbon content in pulverized fuel ashes(PFA):Two crucial parameters for quality control[J]. Journal of Chemical Technology & Biotechnology 2002,77(3):251-255.

[14] Rendek E , Ducom G , Germain P. Carbon dioxide sequestration in municipal solid waste incinerator (MSWI) bottom ash[J]. Journal of hazardous materials,2006,128(1):73-79.

[15] Zhao Youcai. Pollution Control and Resource Recovery: Municipal Solid Wastes Incineration Bottom Ash and Fly Ash[M], Cambridge:

Elsevier, 2017.

[16] Li, Liu, et al. Municipal Solid Waste Management in China[J]. Environmental Science & Engineering, 2014, 71(1):95-112.

[17] Chai Xiaoli, Zhao Youcai.Municipal Solid Waste in China// Municipal Solid Waste Management in Asia and the Pacific Islands: Challenges and Strategic Solutions [M]. Indonesia:Penerbit ITB Press, 2010:63-74.

[18] 宋立杰，赵天涛，赵由才.固体废物处理与资源化实验 [M]. 北京：化学工业出版社，2008.

[19] 孙英杰 赵由才.危险废物处理技术 [M]. 北京：化学工业出版社，2006.

[20] 赵由才.可持续生活垃圾处理与处置 [M]. 北京：化学工业出版社，2007.

[21] 宋立杰，陈善平.可持续生活垃圾处理与资源化技术 [M]. 北京：化学工业出版社，2014.

[22] 陆文龙，崔广明，陈浩泉.生活垃圾卫生填埋建设与作业运营技术 [M]. 北京：冶金工业出版社，2013.

[23] 魏俊成.生活垃圾焚烧技术 [J]. 科学技术创新，2011(25):87-87.

[24] 楼紫阳，赵由才，张全.渗滤液处理处置技术及工程实例 [M]. 北京：化学工业出版社，2007.

[25] 王罗春，赵由才.建筑垃圾处理与资源化 [M].北京：化学工业出版社，2004.

[26] 赵由才，蒋家超，张文海.有色冶金过程污染控制与资源化 [M]. 长沙：中南大学出版社，2012.

[27] 牛冬杰，马俊伟.电子废弃物的处理处置与资源化 [M]. 北京：冶金工业出版社，2007.

[28] 赵由才，张承龙，蒋家超.碱介质湿法冶金技术 [M]. 北京：冶金工业出版社，2009.

[29] 赵由才.环境工程化学 [M]. 北京：化学工业出版社，2003.

[30] 吴军，陈克亮，汪宝英，等. 海岸带环境污染控制实践技术 [M]. 北京：科学出版社，2013.

[31] 曹伟华，章建伟，赵由才. 动物无害化处理与资源化利用技术 [M]. 北京：冶金工业出版社，2018.

[32] 史昕龙，赵由才. 医疗废物管理与污染控制技术 [M]. 第二版. 北京：化学工业出版社，2017.

[33] 边炳鑫，张鸿波，赵由才. 固体废物预处理与分选技术 [M]. 第二版. 北京：化学工业出版社，2017

[34] 柴晓利，赵爱华，赵由才. 固体废物焚烧技术 [M]. 北京：化学工业出版社，2006.

[35] 柴晓利，张华，赵由才. 固体废物堆肥原理与技术 [M]. 北京：化学工业出版社，2005.

[36] 王罗春，赵由才. 建筑垃圾处理与资源化 [M]. 北京：化学工业出版社，2004.

[37] 孙晓杰，赵由才. 日常生活中的环境保护：我们的防护小策略 [M]. 北京：冶金工业出版社，2013.

[38] 唐平，潘新潮，赵由才. 城市生活垃圾：前世今生 [M]. 北京：冶金工业出版社，2012.

[39] 刘涛，顾莹莹，赵由才. 能源利用与环境保护：能源结构的思考 [M]. 北京：冶金工业出版社，2011.

[40] 杨淑芳，张健君，赵由才. 认识环境影响评价：起跑线上的保障 [M]. 北京：冶金工业出版社，2011.

[41] 李广科，云洋，赵由才. 环境污染物毒害及防护：保护自己、优待环境 [M]. 北京：冶金工业出版社，2011.

[42] 寿子琪. 科学家带你游世博 [M]. 上海：上海科学技术出版社，2010.